最先進的機器人技術 進入科幻世界的領域

雙腳步行的人型機器人、人類可搭乘的巨型機器人、在一般家庭協助家事的勞動機器人。這些在不久之前還只是出現在動畫或科幻電影裡的奇思幻想，時至今日，隨著科技的進步，夢想已經成真了！

庫拉塔斯（KURATAS）

影像提供／水道橋重工

▲ 可容納一人乘坐與操作、高度達 4 公尺的巨型裝甲機器人。售價一億日圓，一般使用者也可以購買。

艾西莫（ASIMO）

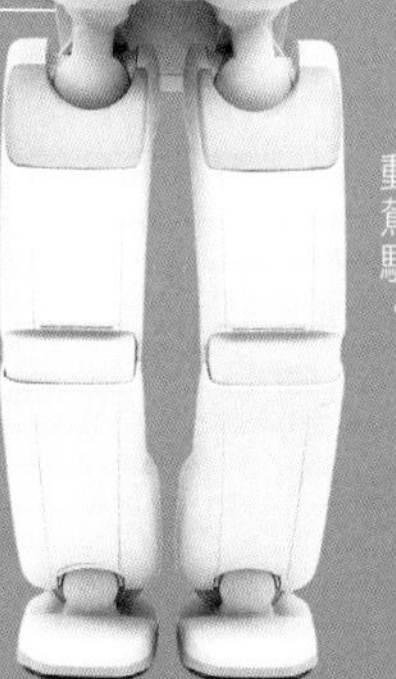

◀ 身高 130 公分，體重 48 公斤的雙腳步行機器人，會走路、跑步、辨識人臉，是和人類相似度最高的機器人。

影像提供／本田技研工業（股）公司

RoboCar MV2

▶ 單人乘坐的電動實驗車。可依靠內建的程式自動駕駛。

影像提供／ZMP（股）公司

居家幫手機器人

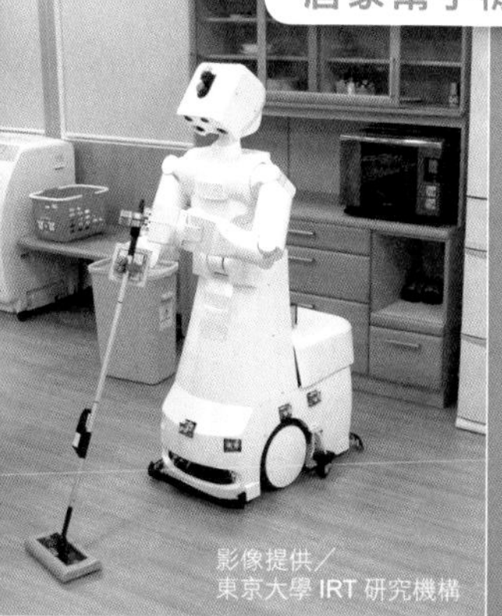

影像提供／東京大學 IRT 研究機構

◀ 會做掃地、洗衣服等家事。目前正致力於降低成本，希望能將售價降低到一般家庭都能負擔的價位。

傑米諾依德（Geminoid）

▶ 右邊是替身機器人傑米諾依德，左邊是開發者大阪大學的石黑教授。機器人居然能夠和人類如此相似。

影像提供／ATR 石黑浩特別研究所

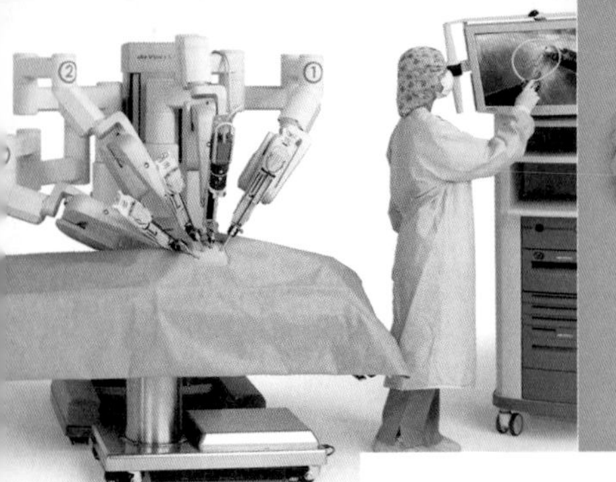

活躍於各種不同領域的機器人

有很長一段時間，只要提到實用性質的機器人，就會聯想到工業用機器人。它們能夠快速並正確的組裝產品，完成單調的作業，而且無須休息，這是機器人的優點。時至今日，因為人工智慧的進步，大幅拓展了機器人的可能性，讓機器人能夠在各個領域協助人類、娛樂人類。

手術支援機器人

達文西

▲▶ 醫生以遙控器操作機械手臂，機械手臂能夠精準的控制器具。

影像提供／Intuitive Surgical, Inc.

HAL 醫療用裝甲（歐盟標準）

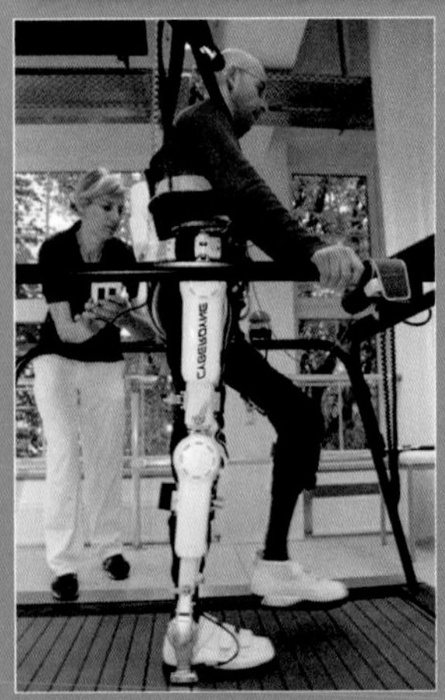

影像提供／CYBERDYNE（股）公司

◀穿戴上機器治療裝置後，機器會將大腦中「我要走路」的訊息傳給機器人，機器人就會教你如何移動步伐。

生活支援機器人

影像提供／豐田汽車（股）公司

HSR (Human Support Robot)

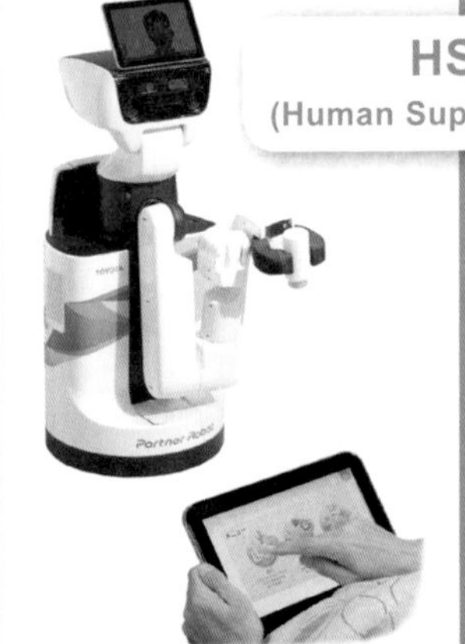

◀可用來確認家中狀況或搬運遞送物品，協助高齡者或行動不便者的生活起居。

工業用機器人

NEXTAGE

▶工業用機器人當中比較罕見的人型機器人。人類與機器人合作生產，能夠提升工作效率。

開發／川田工業

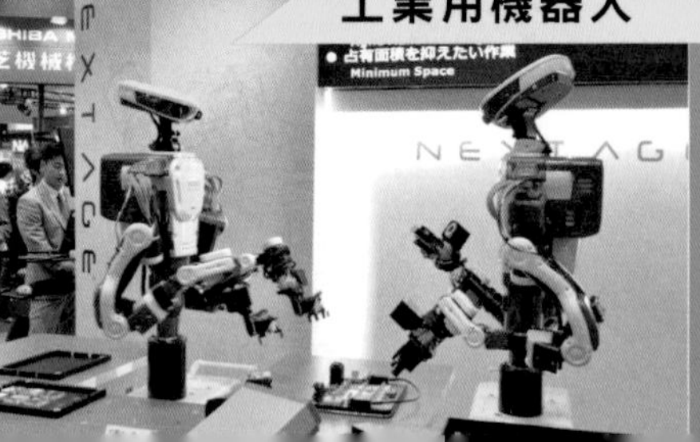

溝通交流機器人

可比安-R（KOBIAN-R）

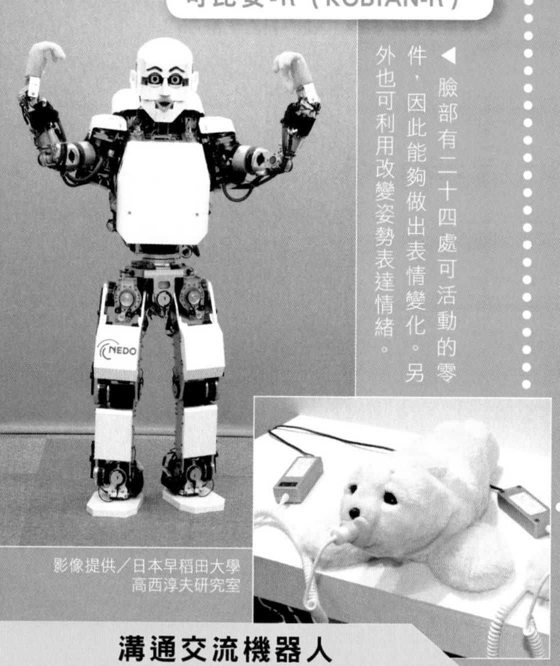

◀臉部有二十四處可活動的零件，因此能夠做出表情變化。另外也可利用改變姿勢表達情緒。

影像提供／日本早稻田大學高西淳夫研究室

帕羅（PARO）

◀只要觸摸它或與它說話，帕羅就會做出可愛的回應，是能夠撫慰人心的機器寵物。

開發／日本國立研究開發法人產業技術綜合研究所

娛樂機器人

影像提供／玉川學園

機器人盃足球賽

▲機器人間互相競技的足球賽。以打贏 2050 年人類世界盃足球賽冠軍隊伍為目標，持續的在進化中。

救援機器人

影像提供／tmsuk（股）公司

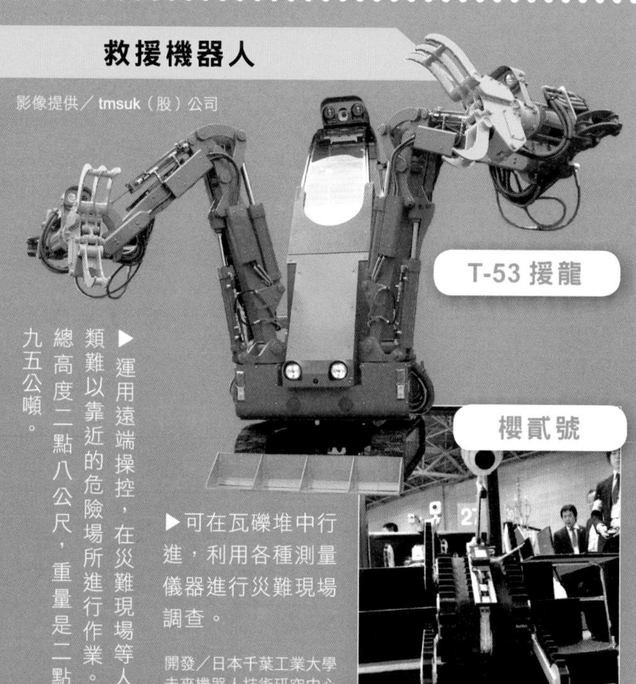

T-53 援龍

▶運用遠端操控，在災難現場等人類難以靠近的危險場所進行作業。總高度二點八公尺，重量是二點九五公噸。

櫻貳號

▶可在瓦礫堆中行進，利用各種測量儀器進行災難現場調查。

開發／日本千葉工業大學未來機器人技術研究中心

學習機器人

開發／Aldebaran Robotics（股）公司

NAO

▲根據使用者輸入的程式，就能提升小型人型機器人的動態與功能。

前進太空

影像提供／NASA, JPL-Caltech

前往人類未曾涉足的地點 機器人的挑戰

在宇宙與深海等嚴峻的環境中，進行人類無法辦到的任務與探索，也是機器人的任務之一。透過探索機器人自人類未曾涉足的地點所送回的各種資訊，應該能為人類帶來更多的進步。

ISS（國際太空站）

影像提供／NASA, JPL-Caltech

▲在太空船外執行作業對太空人來說是危險的任務，因此多數工作都是由精密的機械手臂（機械手）代為執行。

好奇號探測器　前進火星

影像提供／NASA, JPL-Caltech

▲搜尋可能存在於火星地底的生物。配備多臺攝影機與分析裝置。

前進深海　深海 6500

影像提供／Toshinori baba

▲載人潛水艇。其任務是調查水深六千五百公尺的深海，利用高性能機械手臂採集海底的水、土壤、生物等樣本回來。

小型飛行監視機器人　前往空中

▶可以飛行的防盜機器人。一旦察覺有可疑人士入侵，機器人就會啟動升空追蹤犯人，捕捉影像。

影像提供／SECOM（股）公司

哆啦A夢科學任意門

DORAEMON SCIENCE WORLD

全能機器人解讀機

哆啦A夢科學任意門

全能機器人解讀機

目錄

刊頭彩頁
最先進的機器人技術　進入科幻世界的領域
活躍於各種不同領域的機器人
前往人類未曾涉足的地點　機器人的挑戰

漫畫 我家就是機器人……6
生活中已經有機器人存在了？……16
生活支援機器人已經進化到這種地步了！……18
超高齡化社會要靠機器人支援？……20

漫畫 速成機器人……22
何謂機器人？……33
機器人是文學與科學的結合……34
日本為何會成為世界第一機器人大國？……36

漫畫 大雄的直升機……81
在人類無法處理的環境中活躍的機器人……90
對於救援與探測機器人所下的苦心……92
在艱難狀況下使用的機器人有諸多難題……94

漫畫 發明家的大發明……96
何謂人型機器人？……117
機器人為什麼有各種外型？……118

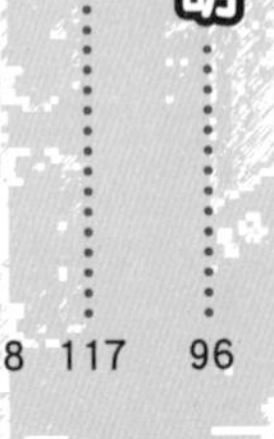

漫畫 玩洋娃娃……121
驅動機器人必須具備哪些技術？……128
能夠模仿人類手臂動態的機械裝置……130
機器人靠電池活動嗎？……132

工業用機器人的世界

漫畫 機器小矮人 …… 39
隨著技術進步而誕生的工業用機器人 …… 46
更加聰明有效率！持續進化的工業用機器人 …… 48

漫畫 機器少女的愛 …… 50
機器人甚至能夠動手術，這是真的嗎？ …… 62
機器人能夠協助生病與受傷的治療？ …… 64
協助醫院工作的機器人有必要嗎？ …… 66

漫畫 我愛小咪 …… 68
機器人讓人類的生活更有樂趣 …… 75
豐富心靈的娛樂機器人 …… 76
溝通交流機器人 能夠成為人類的朋友嗎？ …… 78
機器人的設計近似人類的原因為何？ …… 80

漫畫 採訪機器人 …… 134
機器人如何看與聽？ …… 144
機器人明白東西的觸感嗎？ …… 148

漫畫 腹語娃娃 …… 149
機器人的大腦「人工智慧」是什麼？ …… 162
自主學習、思考、行動的機器人！ …… 164

漫畫 電腦丸的叛亂 …… 167
支援機器人開發的日本技術實力 …… 174
因為資訊通訊技術發展而進化的機器人 …… 176

漫畫 大騷動！巨大人造機器人 …… 178
與機器人一同生活的時代來臨了！ …… 199
個人電腦與智慧型手機 都將變成機器人？ …… 202
後記 期待哆啦A夢成真●高西淳夫 …… 204

關於這本書

本書的主旨是希望各位能夠在閱讀哆啦A夢漫畫的過程中學習科學新知。

漫畫部份提到的科學主題，會在後面附上詳盡的解說。當中或許有些內容比較困難，不過筆者盡量以淺顯易懂的方式描寫機器人的過去、現在與未來。

機器人讓人類感覺到科學技術發展的無限可能。機器人也的確正由想像的世界一步步邁向哆啦A夢誕生之路。

本書在解釋現代機器人的種類、型態與構造的同時，也大範圍分析未來可能面對的目標與問題。我想各位應該能夠經由這些說明，了解到研究動物，尤其是研究人類所具備的各式各樣能力，是機器人發展上不可或缺的一環。我們平常雖然沒有注意到，不過人類擁有許多尚未解密的高深力量。

想要了解機器人的各位讀者，或許就是未來開發出製作哆啦A夢新技術的人喔！

※無特別說明的資訊，均是二〇一四年二月的內容。

終於完成了!!
好酷!!
看起來好強!!

我家就是機器人

打扮得那麼帥要去哪啊？

不能帶你一起去！

因為我是要去讀書的。

今天是星期天，

可以一整天慢慢用功。

在家讀就好啦？

要跟志同道合的朋友，

一起讀才快樂。

要有禮貌喔！

不要給靜香添麻煩喔！

我知道。

※驚嚇

喔！要去讀書啊？
這是好事啊！
那麼我借你一間好書房。
不用了。

A

假的。只是採用人工智慧控制住宅的家電和能源，但屋子本身不具備行動功能的話，就無法稱為「機器人」。

Q 智慧屋（Smart House）的「智慧」是什麼意思？①仔細 ②親切 ③聰明

※搖晃

※嘎～嘎～

※嘎

※嘎拉嘎拉

※擦

※擰

A ③聰明。「智慧」的英文「Smart」是「聰明」的意思。另外，我們常說的智慧型手機「Smart Phone」，意思就是聰明的電話。

※滑

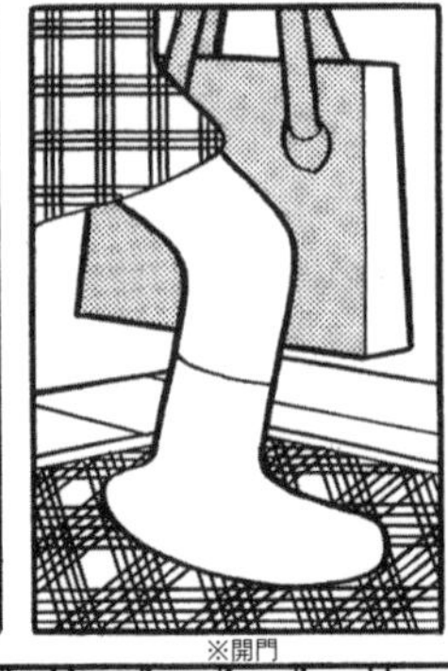

※開門

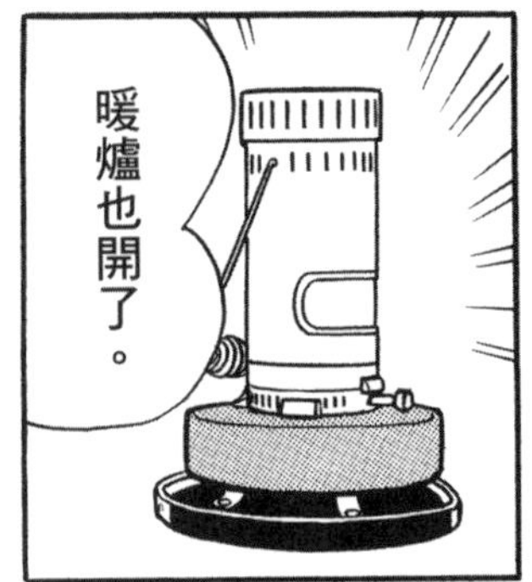

※叩咚叩咚

全能機器人解讀機Q&A

Q 機器人不會透過自主學習變得更聰明。這是真的嗎？

A

假的。已經有內建學習功能的機器人，可累積從經驗和網路等得到的資訊，並實際運用。

※開門

不好意思，

買個鬆緊帶、棕刷還是衛生紙吧！

是推銷的……

我在看家。

喔！

原來只剩小孩子啊！

我們真的不需要啊……

閉嘴！

你們竟敢不買！

※夾住

竟然敢整我！

!?

※掀起

※轟隆

※啪噠啪噠

全能機器人解讀機Q&A

Q 機器人想要完全模仿人類活動的話，必須具備多少個關節？

①一百 ②兩百 ③三百

A ③三百。人體大約有三百六十個關節，因此越接近這個數字，機器人的動作會越逼真。

※打開

真的耶！

扔下

收進去

好極了。
早知如此，就叫他們把這間爛房子改建得漂亮一點。

※碰

對不起，我不該說你壞話，

讓我進去啊！

惹它生氣好恐怖喔！

※咚咚

生活中已經有機器人存在了？

我馬上整理。

機器人如此貼近我們的生活

機器人理所當然的出現在家裡，幫忙做家事或照顧小孩……這是科幻電影裡經常可見的場景。在二十一世紀初期，眾人始終以為這樣的未來還要很久以後才會到來。但就在不知不覺中，會趁著家裡無人時自動清掃房間的機器人吸塵器、小孩子也能夠輕鬆組裝的娛樂機器人等，已經在市場上販售。另外，在老人照護與心靈安慰等領域，也已經有機器人活躍於一般家庭中。

機器人不再是科幻世界的產物，它們已經以驚人的速度進化，並且存在於我們的身邊了。

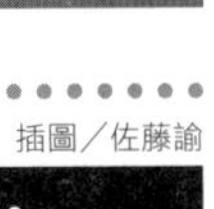

影像提供／Sales On Demand Corporation

◀掃地機器人Roomba。是家用機器人的先驅。

插圖／佐藤諭

大預測 這是你家十年後的模樣！

最近十年，機器人工學有了飛躍性的進步。再過十年，你家或許會變成這個樣子。

◀內建知名補習班講師課程的機器人將成為你的家庭教師。

還有

50題

如果成本能夠降低，你家也可以擁有一個小幫手機器人

目前普及於一般家庭的家事與照護機器人，售價幾乎都是在數萬日圓到數百萬日圓左右。不過，單就技術面來說的話，人類已經能夠做出比一般機器人商品性能更高的機器人了。比方說，由東京大學ＩＲＴ研究機構開發的居家幫手機器人，可以幫忙打掃、洗衣、搬運物品，具有超高性能。但目前這台機器人的要價大約在一千萬日圓。開發者正在持續進行研究，期望能夠降低售價到大約百萬日圓，以便能普及於一般家庭裡。

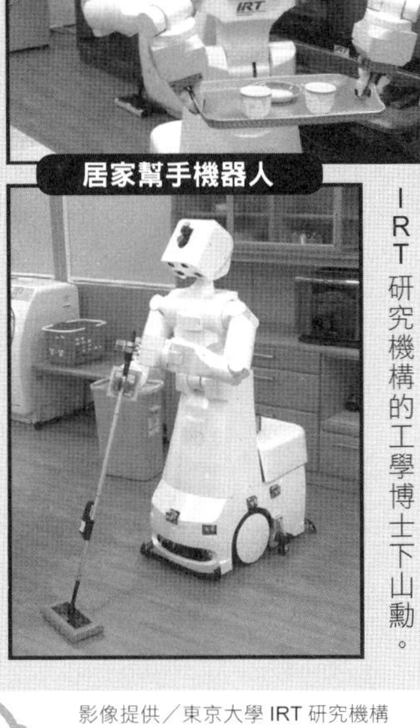

居家幫手機器人

◀將衣服放進洗衣機、用吸塵器吸地、端盤子。研發者是日本東京大學ＩＲＴ研究機構的工學博士下山勳。

影像提供／東京大學 IRT 研究機構

◀目前企業界使用的巡邏機器人或許也能普及到一般家庭。

▶車主睡覺時，可把車主送達目的地的自動駕駛汽車也出現了。

▶可以對話、陪伴遊戲的寵物機器人已經完成了。

▶高性能家事機器人可以平價購得。

全自動模式

生活支援機器人已經進化到這種地步了！

「房子機器人」。

二〇二〇年，我們將能夠閉著眼睛開車？

相對於工廠等使用的工業用機器人，在一般家庭裡協助人類、幫助便利生活的機器人稱為「生活支援機器人」。這個領域的技術，現在正以驚人的速度發展中。以汽車為例，目前正在進行自動駕駛汽車的研究；由行車記錄器與汽車導航等取得的資訊，加上安裝了駕駛程式的高性能人工智慧，汽車就可以在無人駕駛的情況下把人送達目的地。據說大約在二〇二〇年就能夠實現。

影像提供／ZMP（股）公司

▲製造商為了研究而打造的機械車。利用上頭搭載的人工智慧，可進行自動駕駛。

接待客人交給導覽機器人

影像提供／ALSOK

An9-RR

▶可以全天候24小時工作的服務臺機器人。可協助接通負責人員的內線電話，或提供訪客證。

開發生活支援機器人的目的是，期望機器人在單純作業之外的領域，也能夠代替人類工作。比方說，大型公司或商店一定都有總機櫃臺或服務臺。如果有具備高性能人工智慧的機器人，就能夠代替人類進行這些工作。它們可以利用大容量的記憶體辨識客人的容貌、聲音、拜訪時間等；亦可使用語音功能和觸控螢幕與客人交流。另外，在直接與人類接觸的機器人身上，研發人員也構思了許多小細節，例如：採用客人喜歡的可愛語音或設計等。

機器人可以保護家人遠離各種危險

保全人員的工作是保護辦公室，避免可疑人物進入。你一定也在電視連續劇裡看過他們一手拿著手電筒、三更半夜在辦公室裡巡邏的場景吧？這種責任重大的工作也已經開始交由機器人執行了。其中一個例子就是ALSOK保全公司開發的「Reborg Q」。它能夠自主行走巡邏各個樓層，並以四個方向的攝影機確認四面八方，也能夠像防盜監視器一樣錄下影像，萬一發現可疑人物的話，可立即通報警衛室裡的人類保全員。

另外，SECOM保全公司正在開發小型飛行監視機器人。這種機器人在有可疑人物入侵警戒區時，就會自動起飛，一邊與對方保持一定的距離，一邊進行拍攝，還具有可同時通報與自動傳送現場畫面的功能。這種機器人目前只提供企業使用，不過等到需求提高時，也可將技術轉向一般家庭使用。在不久的將來，機器人或許能夠為我們保護家人的安全。

Reborg Q

◀黑白色系象徵ALSOK保全員的制服。外觀看來也相當可靠。

影像提供／ALSOK

特別專欄

智慧屋是指整間屋子就是一個機器人？

所謂智慧屋，是指利用人工智慧統一管理家電、網路線路等數位機器，並且以最有效率的方式利用能源的屋子。亦可使用智慧型手機操控家中的電器。我們居住的房子現在也正朝著自動化、機器人化發展中。

※嘎嘎

▼▶配備了雷射感應器、高性能攝影機以及LED照明，能夠拍下犯人的容貌、逃亡方向與車牌號碼。

小型飛行監視機器人

影像提供／SECOM（股）公司

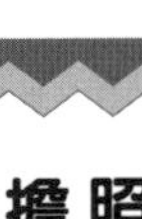

超高齡化社會要靠機器人支援？

照護機器人擔任三大任務

幫忙照護
溝通看護
協助自立

高齡化社會指的是老年人占總人口比例很高的社會。比方說，日本在不久的將來，高齡人口將占總人口數的三分之一。上了年紀之後，人類自然沒有辦法像年輕時那樣自由的活動。這樣的高齡人口需要有人照護、有人陪著聊天、有人保護安全，甚至是受傷或生病導致無法行動自如的人，也絕對需要有人幫忙復健。但是對於負責照護的人來說，這些全都是非常辛苦的工作。研究人員目前正在陸續開發，能夠幫忙減輕這些辛勞的機器人。

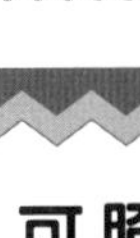

照護人員的辛苦可交由機器人代勞

行動不便的人要吃飯、上廁所、洗澡等，都需要有人從旁協助。但是照護人員要支撐起一個人的體重是相當吃重的工作。因此，科學家們正在開發內建馬達、只要穿上就能夠輕鬆抬起一個人的動力裝甲，或者是能夠協助自立生活的機械床。

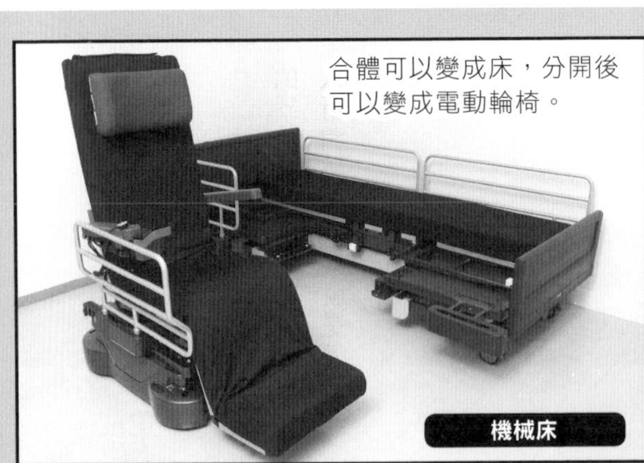

合體可以變成床，分開後可以變成電動輪椅。

機械床

影像提供／PANASONIC

能夠捕捉大腦命令的自立輔助機器人存在嗎？

由機器人協助因生病或上了年紀而步行困難者的實驗也正在推廣中。舉例來說，豐田汽車所研發的「自立步行助手」就是利用特殊的關節構造，協助使用者自然且安心步行的裝甲機器人。

而由 CYBERDYNE 公司開發的「HAL」則是提供給因受傷造成腦部或神經損傷而步行困難者專用的自立動作輔助機器人；機器人在捕捉到大腦中「走」的指令訊號後，就會啟動馬達，協助步行。

影像提供／豐田汽車（股）公司

自立步行助手

開發／CYBERDYNE（股）公司

HAL「社福用」

▲感應到示範男子大腦的「彎腳」訊號後，HAL 就會做出動作。

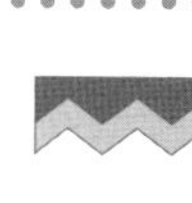

溝通交流機器人是撫慰人心的朋友

對於獨居的高齡者或長期住院的患者來說，沒有可以說話的對象是很孤單的。而專為這些人所開發出來的就是溝通交流機器人。最具代表性的就是「帕羅」。對它說話或撫摸它會產生反應，並且經由學習功能逐漸培育成飼主喜歡的模樣，再搭配上可愛的設計，連金氏世界紀錄也認證它是「全世界最療癒的機器人」。

相反的，對於必須與高齡者分開生活的家人而言，他們最擔心的是高齡者的健康狀況，因此安裝在高齡者家中告知情況的看護機器人，就能夠協助減少這類的擔心。

開發／日本國立研究開發法人產業技術綜合研究所

帕羅（PARO）

看護機器人

▲能夠巡視家裡，傳送畫面與各類資訊。

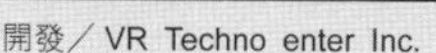

開發／VR Techno enter Inc.

「溝通交流機器人」是日本國立研究開發法人產業技術綜合研究所的註冊商標。「帕羅（PARO）」是智能系統股份有限公司的註冊商標。

速成機器人

我有事一定要出去。

就算我不在，
你休息完後會乖乖寫作業吧。
會啦。

不要拖到明天早上才喊救命，我可不理你。

我就這麼沒有信用啊!?

那我走了。

怎麼還沒走!

老實說…
我還真的不相信你。

「速成機器人」。
STANT
ROBOT

來做個分身。
INSTANT
ROBOT

※喀喳

※拉扯

Q 機器人動畫的主角「原子小金剛」擁有幾匹馬力？①一百匹②一萬匹③十萬匹

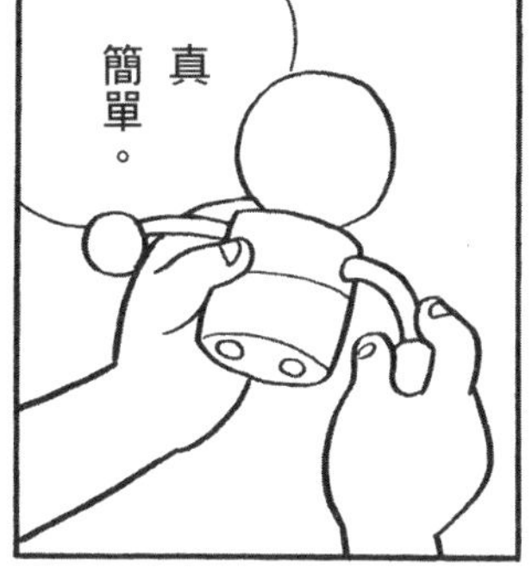

A ③十萬匹馬力。相當於一般汽車的馬力，所以馬力相當大呢！順帶一提，後來原子小金剛還被升級到一百萬匹馬力喔！

全能機器人解讀機Q&A

Q

十八世紀製作的「機械鴨」能夠做什麼？①飛 ②吃東西 ③游泳

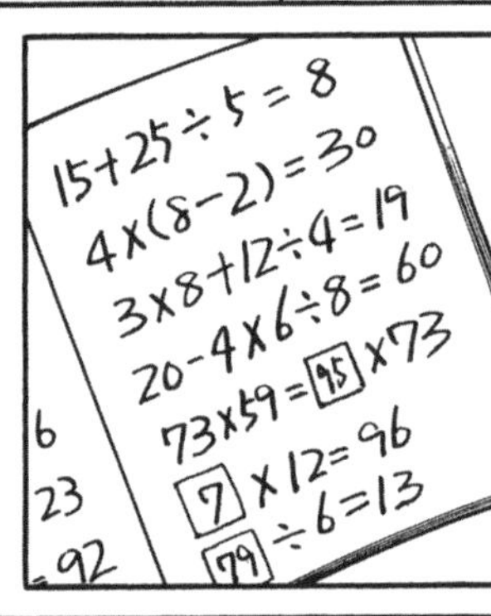

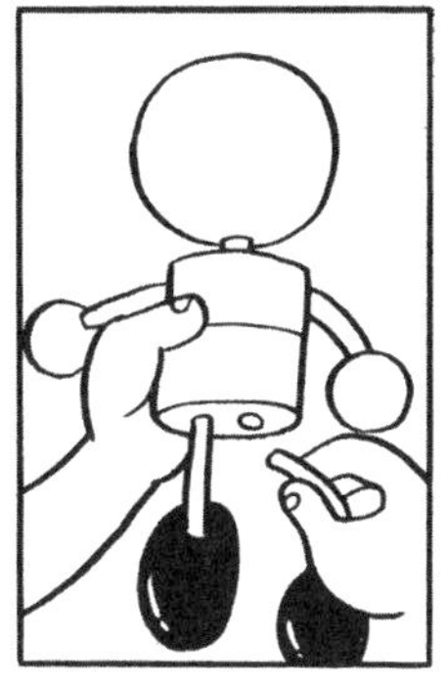

A ②吃東西。當時機械鴨能夠和生物一樣從嘴巴進食一事，蔚為話題。順帶一提，它吃下去的東西全部都有從屁股排出喔！

之前都隨便拔，所以馬上又長出來了。應該要把草連根拔起來。
真麻煩……
對了！我想到一個好主意!!
拿三顆頭。
※黏上
チョン
※黏上
チョン
※黏上
チョン
有這些人手就足夠了。

全能機器人解讀機Q&A

Q 本田（HONDA）研發的雙腳步行機器人E0，前進一步需要多少時間？①兩秒 ②五秒 ③十秒

A ②五秒。E0與艾西莫（ASIMO）的開發一脈相承。於一九八六年發表當時，要讓機器人雙腳步行相當困難。

Q 現今艾西莫跑步時速可達九公里。第一代艾西莫呢？①四公里 ②六公里 ③無法跑步

※麵包店

※嘩拉

A

③無法跑步。第一個可以跑步的是二〇〇四年發表的第二代艾西莫。當時的跑步時速是三公里。

草根本都沒拔嘛!!

還有擦走廊、擦玻璃、擦鞋子……

何謂機器人?

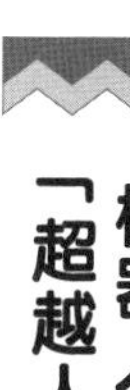

插圖／佐藤諭

機器人是自古以來人類夢想中「超越人類的機械」

機器人是自古以來人類夢想中「超越人類的機械」。

什麼是「機器人」?這個問題其實很難以一句話回答。從工業用到娛樂用，機器人的用途包羅萬象，外型和功能也會配合目的而完全不同。因此，本書的定義是「按照程式設定幫助人類，且可自己行動的機械」就稱為機器人。滿足這項定義的機器人實際問世是在距今約五十年前。遠在紀元前，人類就對機器人充滿憧憬，從機器人頻頻在神話和故事中出現即可窺知一二。人類一直夢想著可以創造出「替人類工作且超越人類的機械」。

塔羅斯

出現在希臘神話中，是虛構出的青銅打造巨人士兵。

機關人偶

利用重量和齒輪活動的日本江戶時代人偶，也是機器人的祖先。

魔像

使用魔法操縱的人偶。就像召喚獸一樣聽從人類命令行動。

皮諾丘

十九世紀的童話主角。有生命的木製傀儡人偶。

插圖／佐藤諭

機器人是文學與科學的結合

「機器人」一詞是一九二〇年由捷克作家創造

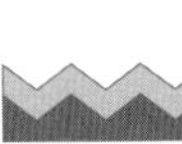

左頁的年表，是文學與漫畫等虛構作品中出現的機器人，與實際的機器人技術發展歷史對照表。看了這張表就能夠清楚明白，機器人來自於虛構故事，而且正隨著科技發展逐步實現。也就是說，機器人可說是文學與科學共同催生的作品。順帶一提，「機器人」一詞本身也是來自文學作品。捷克作家卡雷爾．恰佩克（Karel Čapek）於一九二〇年發表的《萬能機器人》這齣舞臺劇中，首次用到這個名詞。在古代斯拉夫語的意思似乎是「奴隸」。

插圖／高橋加奈子

▲卡雷爾．恰佩克

另外，機器人文學當中的經典《我，機器人》，也是直到今日大家仍在閱讀的知名科幻小說作品，由美國作家以撒．艾西莫夫（Isaac Asimov）於一九五〇年發表，故事中描寫了機器人的暴動；而艾希莫夫在小說中所提倡的「機器人三定律」也深深影響了後來的《原子小金剛》等機器人漫畫，甚至是實際搭載人工智慧的機器人開發。

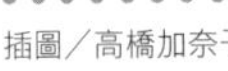
插圖／高橋加奈子

▲以撒．艾西莫夫

以撒．艾西莫夫的機器人三定律	
第一定律	機器人不得傷害人類，或因不作為使人類受到傷害。
第二定律	除非違背第一定律，機器人必須服從人類的命令。
第三定律	在不違背第一及第二定律下，機器人必須保護自己。

現實與虛構的機器人年表

現實中發生的事	年代	文學、虛構小說
	紀元前750年左右	青銅巨人塔羅斯（希臘神話）
歐洲人完成了世界上第一個機關人偶。	18世紀	
法國的傑克・瓦肯遜（Jacques de Vaucanson）製作了「機械鴨」。	1738年	
	1770年	德國作家歌德在《浮士德》裡創造出人造人何蒙庫魯茲（homunculus，意思是鍊金術製造的生命）。
瑞士的皮耶・雅克德羅（Pierre Jaquet-Droz）製作「彈風琴的少女」機械人偶。	1773年	
江戶時代的技工田中久重等人製作出機關人偶。	19世紀	
	1886年	法國小說家里耶・利爾・亞當（Villiers de L′isle Adam）在《未來的夏娃》一書中創造了美女機器人安卓（註：此即英文Android的由來）。
	20世紀	
	1920年	卡雷爾・恰佩克發表《萬能機器人》。「機器人」一詞誕生。
全世界第一臺電子計算機「ENIAC」完成。	1946年	
	1950年	以撒・艾西莫夫在《我，機器人》中，創造「機器人三定律」。
	1952年	手塚治虫《原子小金剛》開始連載。
世界最早的工業用機器人「UNIMATE」、「VERSATRAN」發售。	1962年	
	1970年	藤子・F・不二雄開始連載《哆啦A夢》。
早稻田大學成功完成「WAP-3」的自動靜態步行。	1971年	
	1977年	美國導演喬治・盧卡斯發表電影《星際大戰》。
本田技研工業發表雙腳步行機器人「E0」。	1986年	
SONY發表寵物機器人「AIBO」。	1999年	
本田技研工業發表「艾西莫」。	2000年	
	21世紀的現在	

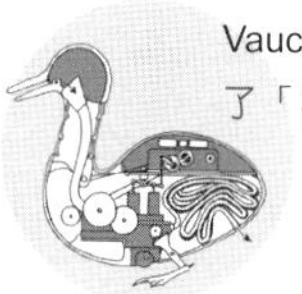

© 手塚工作室

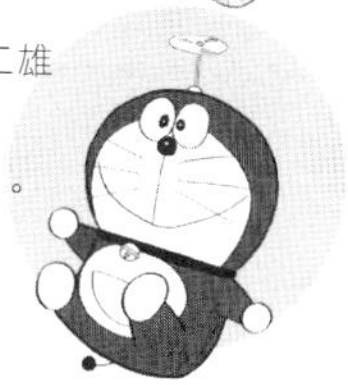

日本為何會成為世界第一機器人大國？

漫畫與動畫促使日本誕生許多優秀的技術人員

日本工業用機器人的普及率是世界第一，而且擁有自豪的最先進機器人工學技術。為什麼日本能夠成為世界第一的機器人大國呢？最大的原因有兩個：一是一九六〇至七〇年代曾經有過一段稱為「高度成長期」的經濟發展階段，不足的勞動力改用工業用機器人補足；另外一個原因是漫畫與動畫的影響。原子小金剛、哆啦A夢、鋼彈戰士……全日本小朋友熱愛的眾多作品，催生出許多以機器人工學為志向的優秀人才。順便補充一點，開發那個可愛機器人帕羅的柴田崇德先生，也是受到哆啦A夢影響的研究者之一。

◀日本國立研究開發法人產業技術綜合研究所　柴田崇德研究員

出現在哆啦A夢裡的機器人正在實現？

鐵達尼機器人

也有像鐵達尼機器人這麼大型的機器人。庫拉塔斯就是高度四公尺、可一人乘坐的機器人。

庫拉塔斯

增加氣氛的樂團

夥伴機器人

豐田汽車開發的夥伴機器人會演奏小號和小提琴。

米克羅斯

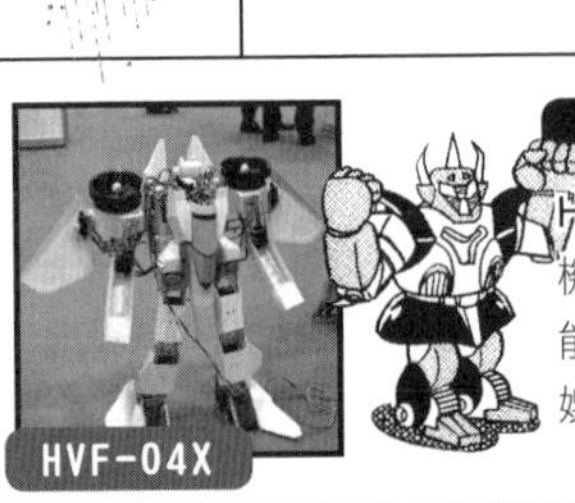

HVF-04X和小夫的遙控機器人米克羅斯一樣，能夠懸浮在空中，屬於娛樂用機器人。

影像提供／豐田汽車（股）公司、水道橋重工　開發／姬路 SOFTWORK 公司

影像提供／本田技研工業（股）公司

日本最有名的艾西莫機器人 也是技術人員的夢想結晶

本田開發出在電視廣告和活動中最受歡迎的雙腳步行機器人「艾西莫」。該公司是汽車製造商，也從事機器人開發，乍看之下兩者似乎沒有關係，但是這對於以「只要是會動的東西，什麼都做」、「挑戰不可能」為宗旨、持續磨練技術能力的本田公司而言，也是值得一試的挑戰。最有名的小故事是他們剛開始進行開發時，負責人員奉命要打造「原子小金剛」，意思也就是要打造出能夠與人類一同生活、友善又可提供協助的機器人。這種點子，只有從小就熟悉機器人動畫的日本人才會想到。

E0

◀一九八六年開發的雙腳步行實驗機器人

影像提供／本田技研工業（股）公司

艾西莫開發史

▶1992 年・E5

首次能夠自行步行。重量有 150 公斤。

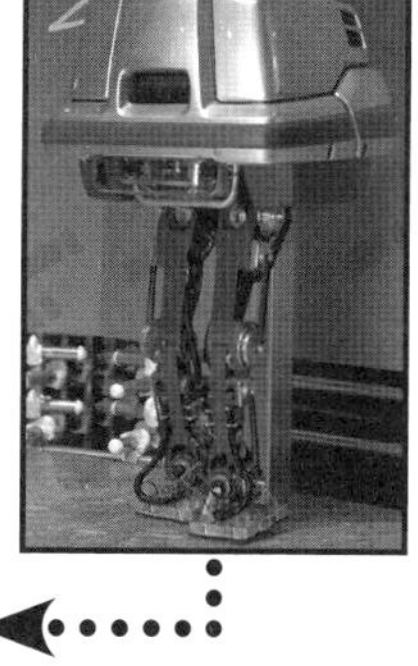

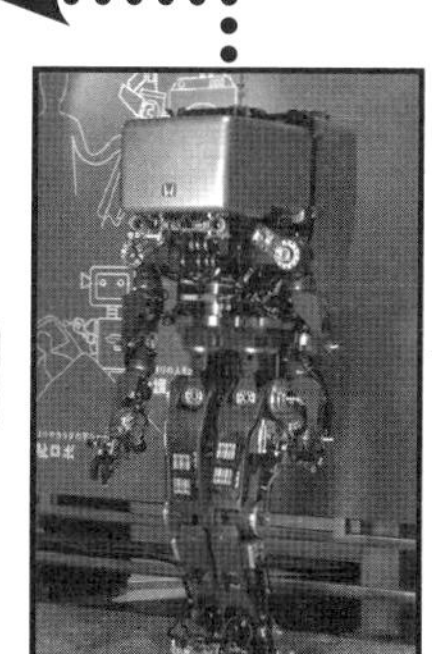

◀1993 年・P1

上半身已安裝完成，不過電源還不是內建式。

▶1997 年・P3

外觀朝向小型、輕量化邁進。使用鎳鋅電池，可連續活動約 25 分鐘。

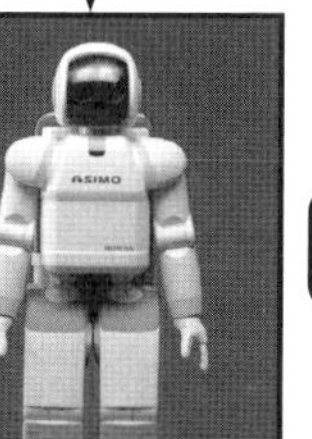

◀然後 2000 年 第一代艾西莫誕生

能夠像人類一樣走路、辨識人臉的艾西莫。該性能也震撼全世界。

影像提供／本田技研工業（股）公司

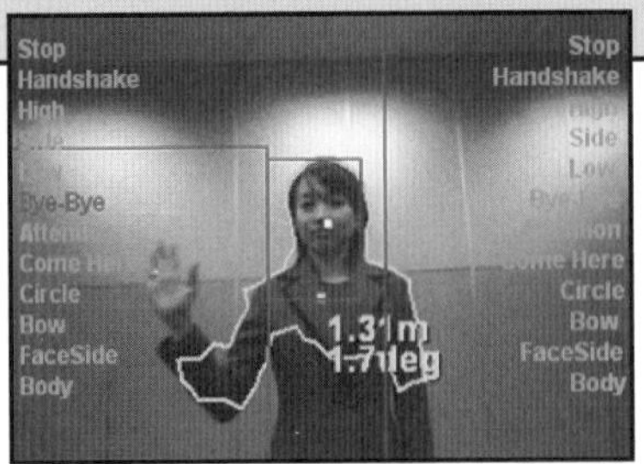

最新型的艾西莫與人類如此相近

自從 2000 年發表第一代以來，艾西莫經歷過多次升級。這裡將介紹最新版本的主要規格。

身高：130 公分
體重：48 公斤

辨識能力

能夠辨識並記住不同的人臉。另外也可以同時聽出三個人的對話內容。

具備卓越的辨識能力，也能夠輕鬆的帶路或招呼客人。

活動時間

可以連續活動約 40 分鐘。電力一旦減少，就會自主判斷並進行充電。

機械手

左右手腕和手掌可分別進行不同動作與調整力道大小，亦可做到把飲料倒進杯子裡等動作。

步行能力

可以上下樓梯，也能靈活走在凹凸不平的道路上。與人類擦身而過時會禮讓人類。

行走能力

與人類一樣能夠雙腳離地行走。最高時速可達 9 公里。

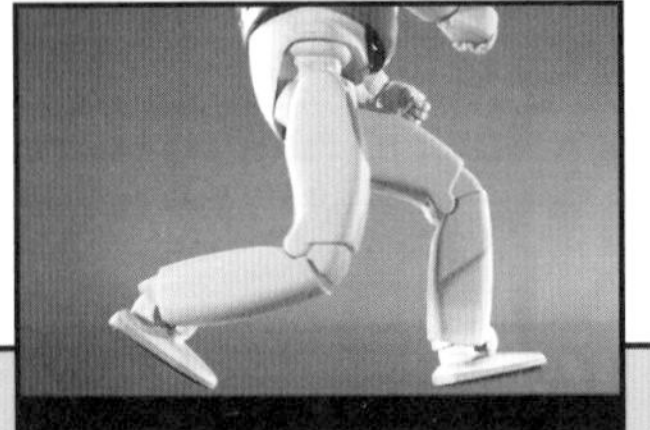

影像提供／本田技研工業（股）公司

機器小矮人

Q 最早的工業用機器人稱為第一世代。現在的機器人是第幾世代？①第二 ②第三 ③第四

就是童話故事裡出現的那個啊。

鞋匠爺爺生病，工作做到一半就睡著了。

到了半夜，小矮人跑出來幫他做鞋子。

有沒有在我睡覺時，會幫忙做事的道具啊？
有啊。

「小矮人箱」。

只要拜託它再去睡覺，就會有機器小矮人出來幫忙做事。
幫我寫作業。

等一下……

今天的作業很難，機器人會寫嗎？
當然會啊。

先試試別的。

A ①第二世代。第一世代沒有自律功能，現在的第二世代具備可將自己的行動修正到某種程度的功能。

全能機器人解讀機Q&A

Q NASA希望用來建設月球表面基地的是……？ ①艾西莫 ②帕羅 ③3D列印機

A ③ 3D列印機。科學家認為3D列印機如果具備更高的性能，就能夠運用月球的資源打造成建築物了。

※塞窣塞窣

大雄怎麼可能會修車？
小事一樁，我還能邊睡邊修車。

鼾⋯⋯
ごそごそ

你真是天才。
好厲害。

我家洗衣機壞了，幫我修。
我也有事拜託。
我也要。

全部都包在我身上，我一件一件慢慢睡⋯不對⋯慢慢解決吧！

總算結束了。

你們也太晚回來了吧。

全能機器人解讀機Q&A

Q 現在已經正式使用機器人參與的是下列何種行業？①農業 ②林業 ③水產業

作業還沒寫完吧？
睡著時自然會寫。

我要睡了。
剩下的就拜託囉。

一、二、三……
奇怪？

一、二、三……
一、二、三……
一、二、三……

我怎麼會睡不著了？
你白天睡太多了。

不睡覺，小矮人就不會出來喔。

到頭來，還是得自己寫啊。

A ①農業。農業上已經使用人類穿戴式機械手臂採收水果等。另外也正在研發種田和割稻機器人。

隨著技術進步而誕生的工業用機器人

機器人技術的發展，由工業用機器人率先開路

在大約五十年前，所有的產品還是仰賴人力製作。在大量生產同樣產品的工廠裡，人們必須持續長時間的進行著單調的工作。後來因為機械技術的進步，到了一九六二年，美國出現工業用機器人「UNIMATE」和「VERSATRAN」，可遵照程式設定，並且能夠二十四小時持續工作。也因為機器人的普及，人類不再需要從事單調的工作，產業界也繼續開發速度更快、更精確的高性能機器人。工業用機器人的研究持續累積，也帶動了整個機器人工學今日的發展。

工業用機械手臂的構造

工業用機械手臂上必須具備旋轉、彎曲、抓取這三個用於實際生產上的可動部分，以及另外三個能夠讓機械手臂本身自由活動的可動部分。

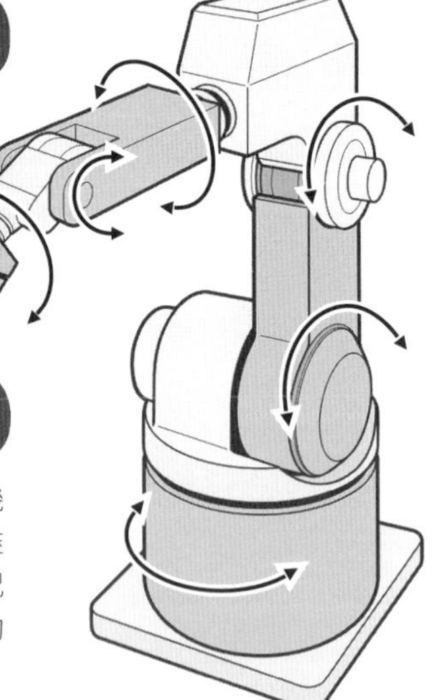

更換手臂 應付各類型任務

實際進行作業的手臂部分，可配合處理的物品大小與材料內容，更換成最適合的零件。

不同任務也有不同尺寸

從汽車到電腦 CPU，機械手臂組裝的產品應有盡有，手臂的尺寸也可以配合工作內容有各式各樣的大小。

※機械手臂的詳細說明請參考第 130 頁。

插圖／加藤貴夫

高度成長期時代，日本到處都是工業用機器人

工業用機器人誕生自美國，不過意外的是卻沒有在歐美各國普及。原因在於有些人認為機器人搶了人類的工作而群起反彈，以及《我，機器人》等以機器人叛亂為主題的故事，使人類對於機器人充滿戒心。但是日本的反應與歐美不同。工業用機器人誕生於一九六〇年代，當時經濟進入高度成長期的日本發生勞動力不足的問題，於是引進這項全新的「勞動力」，由川崎重工業導入UNIMATE的技術，於一九六九年成功生產出日本製的工業用機器人。另外，在一九七二年由日本四十四家企業領先全球，成立了「日本工業用機器人工業會」，促進日本國內的工業用機器人的普及。

影像提供／川崎重工業

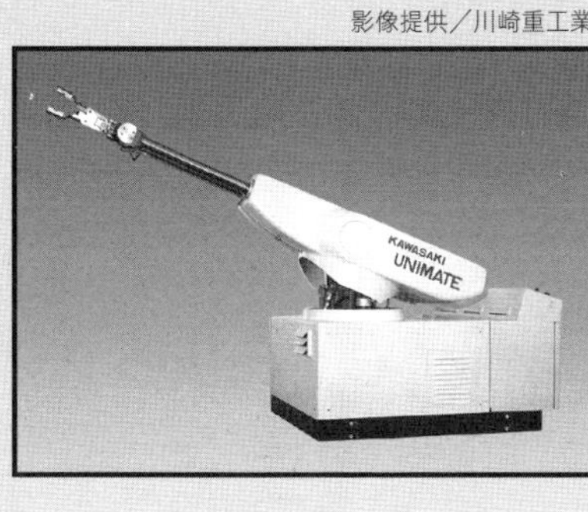

◀國產工業用機器人第一號「川崎UNIMATE」。

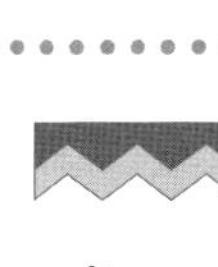

工業用機器人必須具備三項要點

導入工業用機器人的好處，是提高了產品製作的速度與精確度，而且降低了人事費用等成本。為了進一步追求這些好處，工業用機器人持續進化。時至今日，人工智慧與各式感應器的性能也更進一步提升，機器人的外型變得更加多樣，促成工業用機器人更「精確」、更有「工作效率」，而且「節省空間」，以期能實現降低成本的目標。

① 提升精確度

利用高性能的人工智慧與感應器，提高機器人本身的判斷能力，藉此提升工作速度與精確度。另外，記住資深人類作業員的動作，也可幫助機器人直接重現複雜的作業。

② 提升工作效率

在機器人的控制裝置上安裝螢幕，可大幅簡化操作與輸入作業程式的流程，不是專家也能夠使用，所以有助於提升工作效率。

③ 實現節省空間

達到高效率的同時，也做到了縮小機器人體積的目標。能夠與人類一同工作的人型工業用機器人也問世，工作空間比以前更精簡，因此可望降低成本。

更加聰明有效率！持續進化的工業用機器人

人工智慧與感應器的進步，使得工業用機器人更快更精確

接下來將詳細介紹能夠做到前面提過的「精確度」、「工作效率」、「節省空間」的工業用機器人。首先是精確度，最新型的工業用機器人擁有卓越的人工智慧與各類感應器（視覺感應器、加速感應器、力量感應器等），能夠像具備五感的人類一樣「看見」、「感覺到」，進而「記住」、「調整」到最合適的速度和力量大小，之後再進行作業，因此能夠又快又正確。假如工作臺上送來錯誤的零件，它們也能自行「判斷」後將之去除。

◀最新型工業用機器人可判斷零件的顏色與形狀，高速選出指定的物品。

插圖／佐藤諭

利用教學模式輔助控制器，提升工作效率

現在工業用機器人的控制裝置，多半是稱為「教學模式輔助控制器」的工具。使用這個工具就像在使用智慧型手機一樣，只要按按螢幕，無須專業知識，就能夠輕鬆輸入作業程式。在需要經常變更給機器人的指令時，也能夠更有效率的對應。

▶除了程式之外，螢幕上還可顯示作業流程和各種資訊，相當便利。

◀教學模式輔助控制器

插圖／加藤貴夫

人類與機器人共同合作，可以更安全且更節省空間

一提到工業用機器人就想到機械手臂的想法已經過時了，業界現在陸續開始啟用的是與人類身型相等的人型機器人，利用人類與機器人，或是機器人彼此互相合作來從事生產。有了機器人的幫忙，再複雜的作業也能夠處理。人型機器人也可以與人類在同樣場所工作，工作空間不再需要配合機器人，可達到節省空間，換言之也能夠降低成本。

開發／川田工業

▶透過不同的程式與機械手臂，互補對方的工作。

▲機器人支撐沈重的機械材料，幫助人類安全工作，這也是人類與機器人共同合作的例子之一。

特別專欄

3D 列印機是工業用機器人的終極型態？

3D 列印機掃描物體形狀之後，就會製作出立體的複製品。只要有現成的物品或圖片的話，就能夠製造出無數個相同的東西，相當驚人！列印的原料是樹脂，所以目前多半應用在商品打樣或是休閒嗜好的領域，不過總有一天人類會開發出適合且實用的材料。在不久的將來，或許所有產品皆能夠使用 3D 列印機製作。

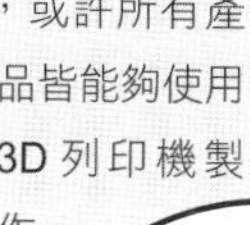

◀▲日本國產 3D 列印機「SCOOVO C170」，家用款也能做到這麼精緻，令人佩服！

▲利用 3D 列印機生產機器人，未來也許有可能實現。

插圖／佐藤諭

影像提供／abee

※嚼嚼

機器少女的愛

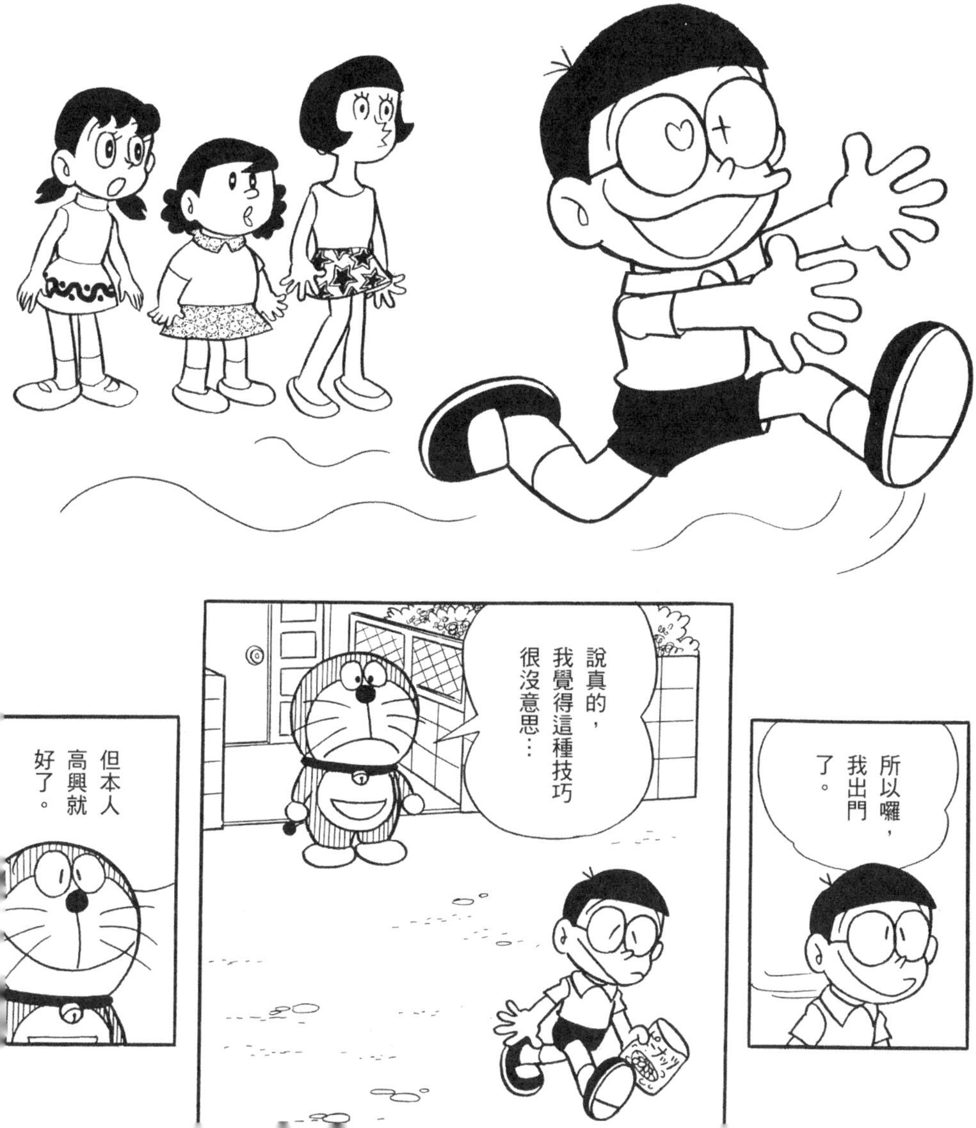

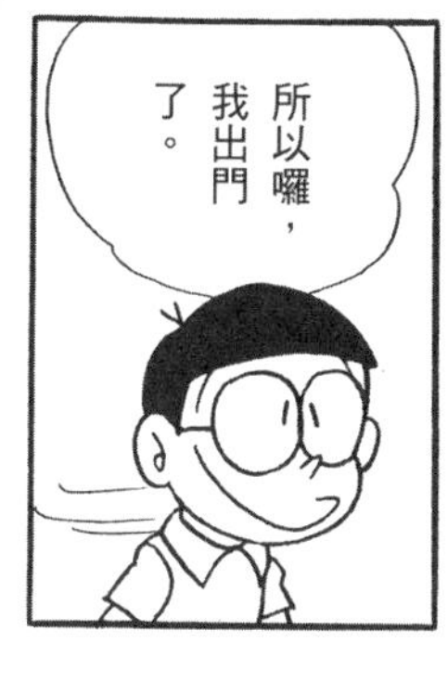

所以囉，我出門了。

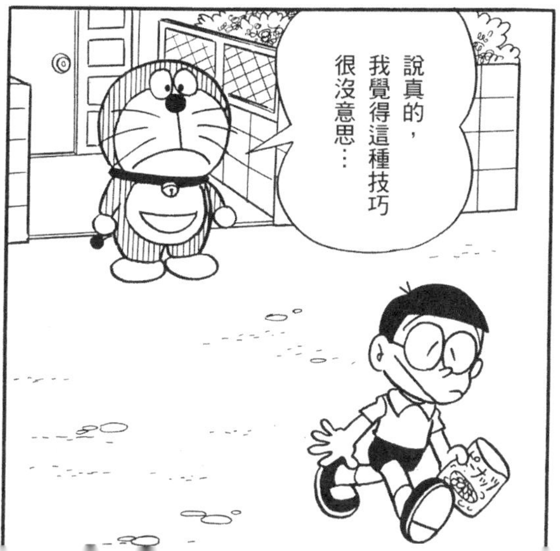

說真的，我覺得這種技巧很沒意思……

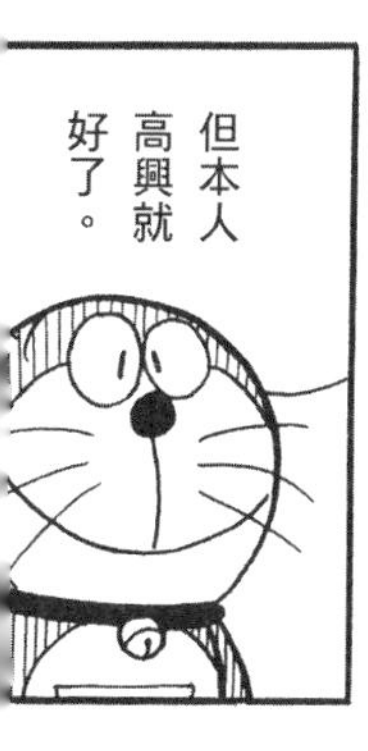

但本人高興就好了。

全能機器人解讀機Q&A

Q 科幻電影裡出現的生化人（cyborg）與機器人意思完全一樣。這是真的嗎？

哎呀，你是認真的啊？
當然。

還沒有人來嗎？
我現在去叫。

對啊，我原本只是打算開個玩笑的。
可是，既然大雄都來了……

請進。

一開始就先表演我的拿手好戲。
了不起。
啪啪啪啪！

我買了很好玩的遊戲，但還缺三個人。
要不要到我家玩？
好玩遊戲
好啊！我去。

A 假的。兩者雖然類似，不過兩者的差別在於機器人是完全以機械製成，生化人則是將人類的一部分機械化，以此為區隔。

Q 在本篇漫畫中出現的「機器少女」是人造人。這是真的嗎？

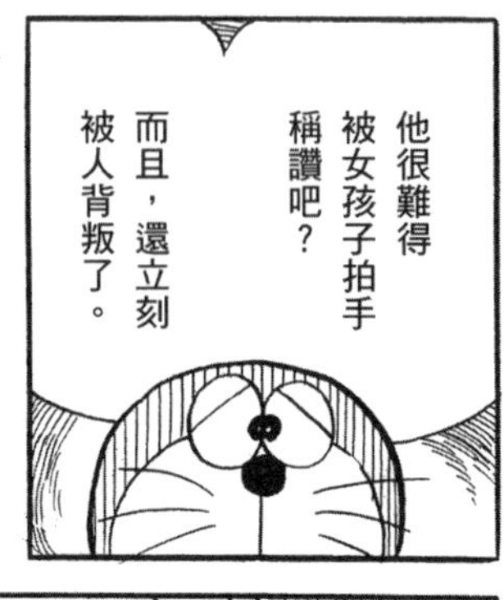

他很難得被女孩子拍手稱讚吧？
而且，還立刻被人背叛了。

好!!我就介紹一個很棒的女朋友給他。

我要找一個很高尚又完美的女生。

一個人好無聊，來寫功課吧。

來，別害羞，快出來吧。

※心跳加快

ドキーッ

我來介紹一下，這是來自未來世界的機器少女。

A 真的。外型酷似人類的機器人稱為「人造人（android）」。

※心跳加快

※鞠躬

※嚼嚼

※感動

※哇～

全能機器人解讀機Q&A

Q 我們生活的現實世界裡，還不存在人造人。這是真的嗎？

A

假的。已經存在酷似人類、可遠端操控移動的人造人了。

Q 艾西莫與村田頑童這類的機器人也稱為人造人。這是真的嗎？

A 假的。它們雖然有人類的外型，但人造人是指完全仿造人類製成的機器人。

啊，真好耶。

那麼漂亮的女孩是從哪來的？
和大雄在一起太可惜了。

用石頭丟他。

抓起

欺負大雄的人，我絕不輕饒!!

也不用這樣啦！

ズシン

※重摔

全能機器人解讀機Q&A

Q 雙腳步行機器人在技術上還無法讓它飛上天空。這是真的嗎？

A 假的。姬路SOFTWORK公司已經開發出外型較小、可雙腳步行，也可變成飛機飛上天的「HVF-04X」。

機器人甚至能夠動手術，這是真的嗎？

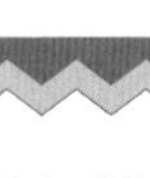

機器人技術被應用在醫療上

受傷或生病的時候如果能夠有機器人幫助我們，那該有多好。

研究人員現在已經開發出幾款機器人可以代替醫生的雙手或眼睛，協助進行手術、治療，幫助患者，或是代替藥劑師配藥。機器人可望能夠幫忙減輕病患痛苦，以及分攤醫院人員的負擔。

這些機器人的製作多半是利用原先運用於工廠的機器人技術。這些原本從事於汽車或家電產品組裝的機器人，以手臂執行各種工作，能夠準確的進行相當精細的作業。利用這個靈巧的手（機械手臂），就能夠準確進行人類的手難以執行的精細微小手術，或者是協助抱起患者。但是醫療用機器人比起工廠用機器人，有更高的安全性與操控穩定性的需求，因此在開發上必須進行更多的測試。

手術支援機器人——達文西

達文西是美國為了遠距離治療在戰場上受傷的軍人而開發的技術。即使相隔兩地，機器人也能夠忠實重現醫生的動作。

由醫師透過一顆小型攝影機與三條手臂進入病患身上開的小洞裡，小心移動進行手術。手術的傷口很小，所以疼痛與出血量也少，患者能夠快速復原。

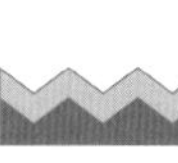

▼手術支援機器人（中）、操作裝置（右）、螢幕（左）。

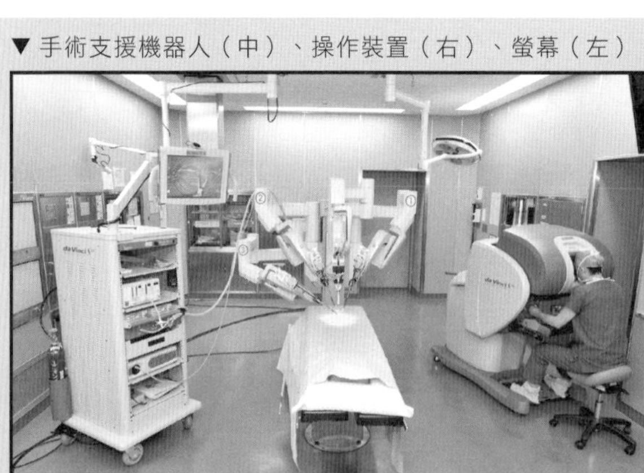

影像提供／Intuitive Surgical, Inc.

影像提供／Intuitive Surgical, Inc.

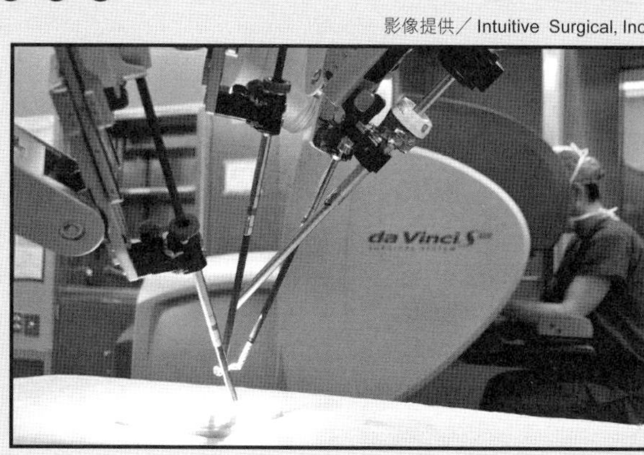

▶機械手前端裝著相當微小的手術器材。即使醫生的手部顫抖也不會造成影響，可完成精密的手術。

三條手臂的前端裝上小型手術工具，就能夠代替醫生的手抓住內臟、切開或縫合皮膚。利用小型攝影機拍攝身體內部的狀況，代替眼睛。身處在其他地方的醫生可以一邊看著攝影機的畫面，一邊進行操作，像在移動自己的雙手一樣移動機器人的手臂，就能夠替病患進行手術。小型攝影機進入身體深處，連體內的微小地方也能拍出立體畫面。

使用達文西進行手術時，醫生會覺得就像被哆啦A夢的縮小燈照到一樣，自己正以縮小的身體鑽進患者的體內進行手術。

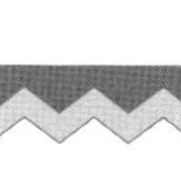

精準照射放射線治療疾病的電腦刀

電腦刀（Cyber Knife）意思是具有人工腦的刀子。雖然說是刀子，不過這個機器人並不是用來切割身體，而是負責照射放射線、縮小癌細胞。

機械手可以依據指示朝各個方位正確移動。進行治療時，首先以X光拍攝患者體內，在電腦上計算出該以放射線對準哪個位置，機械手就會根據計算結果正確移動，因此手臂前端能夠對準癌細胞，照射放射線。而且機器人能夠依照患者的實際狀況與反應，快速修正手臂的動作。

接受這項治療不會感到疼痛，也沒有必要住院。就連無法動手術的複雜部位也可治療。

電腦與機器人技術的進步，促成此電腦刀的誕生。

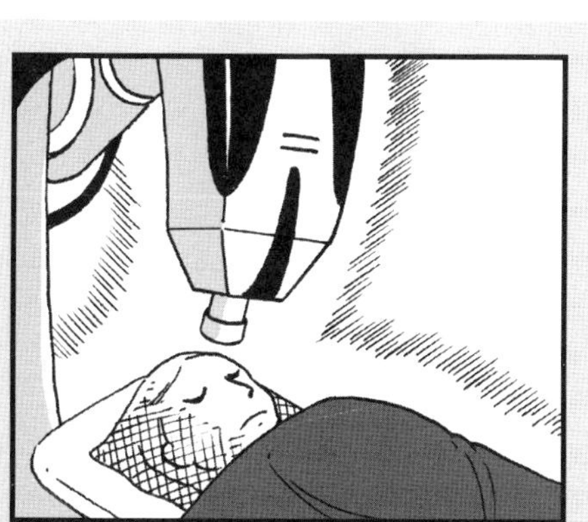

插圖／加藤貴夫

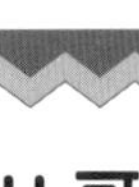

可以幫助並改善人類活動的HAL（哈爾）

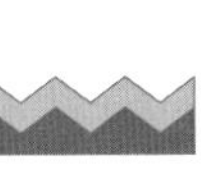

當人類因為生病或受傷導致無法自行移動身體時，機器人可以幫助手腳輕鬆活動，或是協助肌力衰退的肌肉進行復健運動。具備這類功能的機器人就是裝甲機器人HAL（哈爾）。

雖說是機器人，不過它的模樣與一般機器人不大相同，其外型可配合人體的體型，人類只要像是在穿衣服那樣的把它穿在身上，就能夠發揮威力，這是世界第一款生化人型機器人。

當我們想要移動手腳時，大腦會發出「動動身體」的指令；這個指令會變成電子訊號傳達至神經，到達肌肉，然後移動身體；HAL在這個時候會對出現在皮膚表面的動作指令產生反應，透過感應器捕捉到生物體電位訊號，接著電腦根據此訊號控制馬達，與人類的肌肉合而為一，移動關節，於是HAL就能夠按照人類的想法協助身體活動。

HAL不僅能夠輔助高齡者或行動不便者完成站起、坐下、步行等動作，也能夠改善或治療因生病而失去的身體部位，甚至可望能協助照護、工廠的重作業、災害現場的救災支援，以及娛樂等其他各種領域。

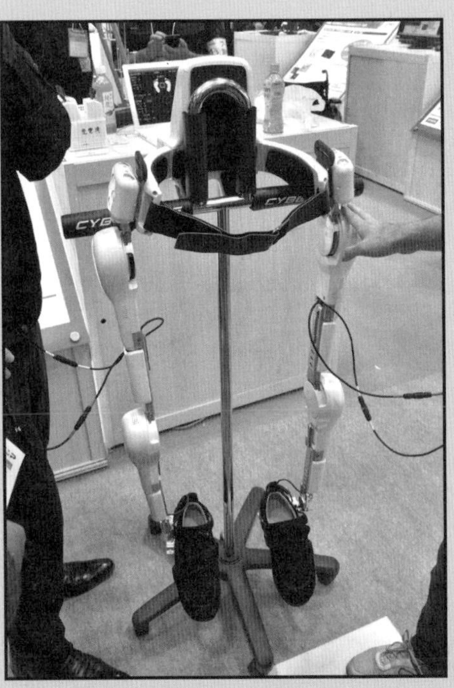

開發／CYBERDYNE（股）公司

影像提供／早稻田大學高西淳夫研究室

▲與患者長相相似，看不出來是機器人的牙科用機器人「昭和花子」。臉頰內側會分泌唾液。

用來代替患者的醫療訓練用機器人

當上醫生之前雖然都經過多次的治療訓練，但是在實際治療患者時，是不容許失敗的。牙科用機器人就是用來代替患者，幫助牙醫進行治療訓練的機器人。牙科用機器人就像真正的人類，如果牙醫治療失敗的話，它會大喊：「好痛！」

治療者的技術不同，機器人也會有不同的反應，

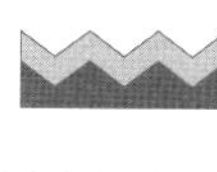

因此經過反覆練習之後就會習慣治療的流程，也能實際感受到自己越來越順手。

機器人的眼皮、眼球、下巴、舌頭、脖子都會移動，機器人本身可自主控制眼睛和舌頭的動作，以及眨眼睛，因此它眨眼、動舌頭的動作很自然。其他人也可透過遠端的觸控螢幕進行操控，讓機器人突然咳嗽或搖頭，所以也能夠訓練遇到突發狀況時的反應。

機器人體內有揚聲器，對它問話，它會回答。皮膚也與真正的人類一樣柔軟。使用者會覺得就像真的在診所裡工作，所以雖然說是訓練，也是會感到緊張。

除了治療牙齒之外，目前也開發出外科手術訓練用的機器人，可幫助練習。

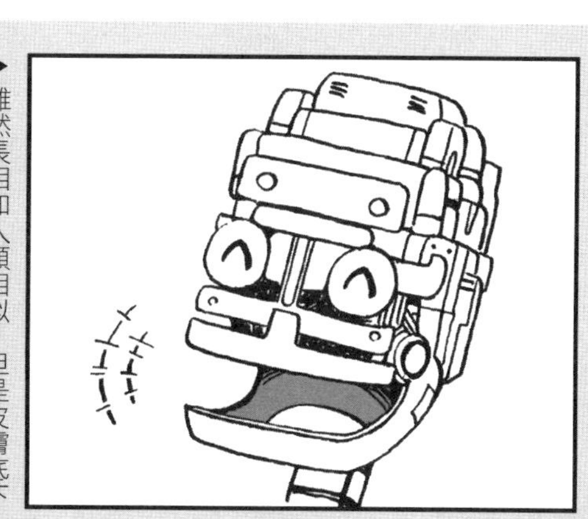

▶雖然長相和人類相似，但是皮膚底下全都是機械。

插圖／佐藤諭

在醫院裡搬運藥品和檢體的機器人HOSPI（小醫）

醫院將來也許會有可愛的機器人到處走動。HOSPI（小醫）機器人可以代替護理師和藥劑師運送藥物或患者檢體，它們不會在寬敞的醫院裡迷路或撞到某處，能夠靈巧移動，遇到蜿蜒的走廊也不擔心；它也會搭乘電梯。在工作人員較少的半夜裡也能夠安心交給它協助運送藥品，所以對於在二十四小時營業的醫院裡忙碌的護理師來說，是一大助力。

HOSPI的臉部是一個觸控面板。只要利用這塊面板做設定，機器人就能夠抵達目的地。平常要讓機器人行走，必須先安裝通往前進方向的軌道，以及指引機器人方向的感應膠條。但是HOSPI體內的電腦已經事先儲存了醫院的地圖資訊，它會按照這個地圖行動，因此即使沒有外部指引也能夠準確移動，而且即使在黑暗中行走也沒有影響。

它還會透過感應器察覺走廊上的病患或物品，並且自動閃避，因此不會發生事故，十分安全。HOSPI的肚子裡有個放置藥品和檢體的置物空間，門可以上鎖，因此也能夠避免有人惡作劇或遺失物品。

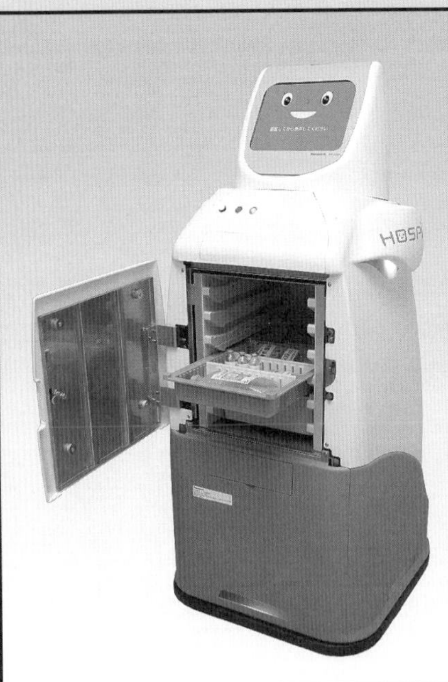

◀模樣可愛的HOSPI會一邊快速移動一邊說：「借過。」避免撞到人。

影像提供／PANASONIC

協助看顧病患情況的機器人HSR

開發／豐田汽車（股）公司

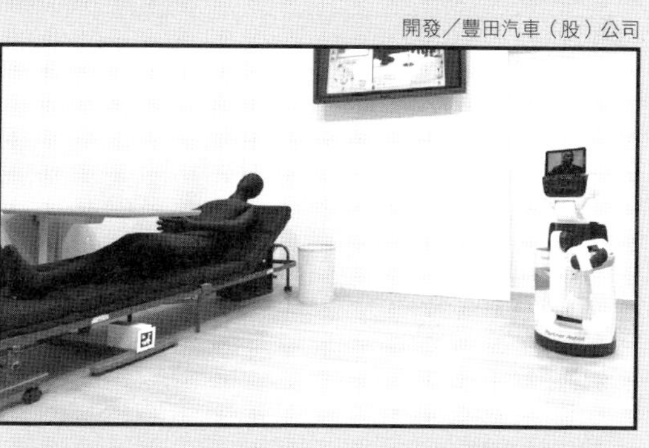

▲監看情況，協助生活的生活支援機器人HSR（Human Support Robot的簡稱）。

醫院或老人之家等機構的夜班人員總是比較少，上夜班的人如果無法了解病患或入住長者的狀況，容易感到不安。這個時後可以派上用場的，就是看護機器人HSR。HSR配備了小型攝影機，不僅能夠幫忙監看病患狀況，遇上緊急事件時也能夠協助病患。

HSR還可以透過螢幕做遠距交談。因此只要有這個系統，就能夠照顧獨居老人。民眾對於能夠與人類共同生活、協助人類生活的機器人也更加期待了。

協助藥劑師處理複雜工作的機器人

藥劑師需配合病患的情況準備藥品並加以說明，不僅忙碌，而且藥物的劑量與種類也不容出錯，這是一份責任重大的工作。

於是，有人開發出會自動將注射用藥裝進容器裡，或準備內服藥並裝袋的機器人幫助藥劑師。這種機器人衍生自工業用機器人，錯誤率低，而且藥物在作業過程中不會接觸到人手，無須擔心細菌跑進藥物裡。未來的醫院或許會有許多機器人活躍其中。

若是能夠得到機器人的幫助，醫生與護理人員就能夠空出時間與精力去完成更多只有他們才能處理的工作，也可望增加與病患相處的時間，促進醫療發展。

▲未來的醫院或許也會出現負責打針的護理師機器人喔！

插圖／佐藤諭

我愛小咪

她有薔薇般的美麗、牡丹花的氣質…
散發太陽的光和熱，像星星一樣閃亮…

喔？有那麼漂亮嗎？
對啊…

我第一眼看到她，
就頭暈目眩、手腳無力。

她的身影無時無刻出現在我的腦海裡。

喜歡到連你最愛吃的銅鑼燒都吃不下？

喜歡人家就去告訴她啊。
不可以！

人家會害臊嘛～～

那我幫你講。

真的嗎？

平常老是受你照顧嘛。
太感激你了。

※害羞　※心跳加快

全能機器人解讀機Q&A

Q 單輪車機器人村田婉童不會摔倒是因為有什麼裝置？①雙面膠帶 ②陀螺儀

A ②陀螺儀。陀螺儀的作用是控制姿勢，感測傾斜。最近的數位相機裡也有用上此裝置。

※扭扭

※扭扭

※鞠躬

※咻

全能機器人解讀機Q&A

Q 人型機器人傑米諾依德F身上有幾個模擬人類臉部活動的地方？①七 ②十 ③十二

A ③十二。除了眼睛、嘴巴之外，眉間、臉頰等相當於人類表情肌的位置也都能夠活動。

我裝了「自動吃飯裝置」。
ガリ
ガリ

※咬

對了！再裝些其他道具吧！
讓她變成真正的貓型機器人。

裝上「自動行走裝置」、「自動爬樹裝置」、「自動抓癢裝置」、「自動說話裝置」。

這是哪裡？你是誰？
我是哆啦A夢，
是妳的老公喔。

怎麼可能是我的老公啊!?

我是男生耶。

別哭！人生不如意十常八九。

機器人讓人類的生活更有樂趣

除了工作之外，機器人還有其他重要任務

就像前面介紹過的工業用機器人與生活支援機器人，原本製造機器人的目的，就是為了代替人類工作。但是，現在取悅人類的機器人開始受到重視並普及。

◀利用對話逗人開心的可愛小型機器人。具備五歲兒童的說話能力。

影像提供／ifoo

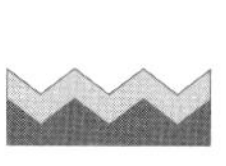

這些機器人活躍於娛樂、溝通交流的領域。它們的主要目的是讓人類開心、療癒人類的心靈等，它們與工作上使用的機器人有何不同呢？我們一起看看它們的特徵吧！

與機器人玩耍

機器人就像朋友一樣陪伴在我們身邊。繼續研究發展下去的話，應該能夠更加拓展可以共同遊戲的項目。

好擔心明天的考試喔！
別擔心！沒問題的！

與機器人說話

溝通交流機器人能夠辨識人類的情緒並做出回應。在不久的將來應該也能夠與人類對話。

製作機器人

人人都能夠組裝的機器人組。現在這時代就連複雜的程式也可以輕鬆輸入了。

插圖／佐藤諭

豐富心靈的娛樂機器人

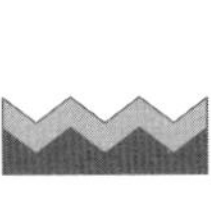

高性能的娛樂機器人 在生活中隨處可見

現今在活動場合或電視上經常可以見到能夠和人類一樣走路、跳舞的機器人。它們逐年進化，動作越來越真實，令人驚訝不已。這些讓世人吃驚、期待的就是「娛樂機器人」。過去它們主要都是供給研究使用或為了企業而開發，不過現在一般大眾也能夠擁有了。高度五十公分左右的小型機器人，售價大約在臺幣幾萬元到幾百萬元之間。外型雖然嬌小，性能卻很強大，已經幾乎能夠重現人類大部分的動作。

開發／Aldebaran Robotics（股）公司

NAO

◀高性能小型人型機器人，可配合使用的程式做出複雜的動作。可惜目前尚未開放一般人購買。

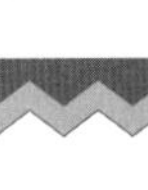

自製學習用機器人 可培育下一代的技師

娛樂機器人在智育領域上也能夠派上用場。現在「樂高機器人MINDSTORMS」的機器人組正熱銷全世界，最厲害的地方就是小朋友也能夠輕鬆組合程式。而且組合的方式不同，同樣的商品也會產生不同的動作。樂高公司每年都會舉辦機器人競賽，因此使用者也都相當投入。在花費心思組裝的同時也培養了他們的智能，相信在這些使用者之中一定會出現未來的機器人大師。

教育版樂高 MINDSTORMS 機器人 EV3

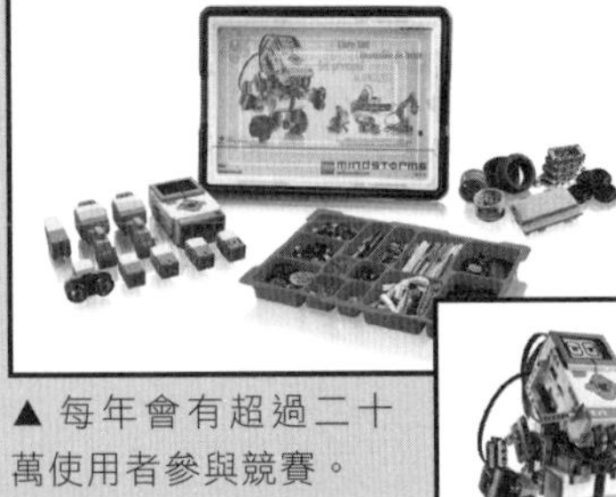

▲每年會有超過二十萬使用者參與競賽。

影像提供／LEGO EDUCATION

透過製作、競賽，促使機器人技術進化

就像人類從競爭中成長，機器人的性能也一樣透過競爭而進化。舉例來說，「機器人盃足球賽」就是自律型機器人之間的足球賽，球賽的主要目標是「於二〇五〇年擊敗人類世界盃足球賽冠軍隊伍」。也就是說，這場大賽是為了打造出運動能力超越專業運動員、碰撞到其他物品也不會壞掉、不會讓對手受傷的機器人。

這個夢想看起來驚人，不過想想機器人技術近年來的進步，想要達成目標不無可能。如果實現的話，這鐵定是一場超越人類與電腦對奕西洋棋或將棋的超級娛樂。

影像提供／玉川學園

機器人盃足球賽

▶除了足球之外，也有救援機器人和家用機器人的比賽。

協助提升技術與形象的吉祥物機器人

或許是受到機器人動畫的影響，日本在娛樂機器人的設計上也獲得很高的評價，因此機器人經常被用來當作企業的形象吉祥物。例如：艾西莫、乾電池的EVOLTA、腳踏車機器人村田頑童等。這些機器人不僅代表企業形象，也可說是企業技術實力的最佳宣傳。

影像提供／PANASONIC

EVOLTA

村田頑童®

是一個會騎自行車的機器人。不僅能進行超低速行駛，即使靜止不動也不會倒下。

村田婉童®

是一個有著超優異平衡感，會騎單輪車的機器人。

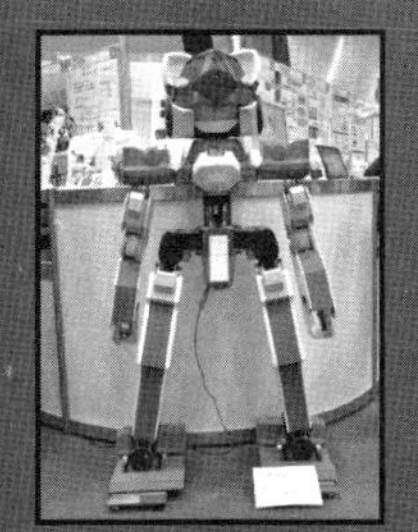

▶右側照片是某間學校訂製的自創吉祥物機器人。也有公司可以為你製作專屬的機器人喔！

開發／姬路 SOFTWORK 公司

溝通交流機器人能夠成為人類的朋友嗎？

機器人會給予人類如同寵物般的撫慰與溫暖

人類與動物接觸會覺得心靈獲得療癒，但是有些人因為某些原因無法飼養寵物。以這些人為主要客群而大賣的，就是一九九九年上市的AIBO。它是創新的溝通交流機器人，具備自律功能與各類感應器，能夠像真正的狗兒一樣行動。雖然已於二〇〇六年停產，不過它開創了機器人全新的可能性，也造就了普及於一般家庭的卓越成績。

影像提供／SONY

◀利用聲光與旋轉療癒人類。由製作AIBO的SONY所開發。

影像提供／SONY

影像提供／早稻田大學高西淳夫研究室

能夠傳達情感的機器人也在研發中

至少在現在，擁有情感的機器人仍不存在，因為情感無法程式化。但如果有機器人可配合狀況表達情感的話，應該就能夠進一步縮短與人類之間的距離。由這個想法誕生的機器人就是左側的「可比安R」與「帕佩羅（PaPeRo petit）」。

▲臉上有二十四處可活動的零件，能夠重現表情。改變姿勢也能夠表現情緒。

◀這個機器人是利用臉頰發光的顏色來表達情緒，同時也能夠與人類對話。

影像提供／NEC

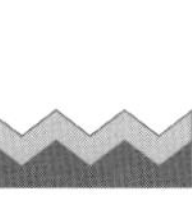

PEKO醬機器人

◀能夠唱歌、跳舞、説話，在活動場合最受歡迎。

影像提供／ATR石黑浩特別研究所

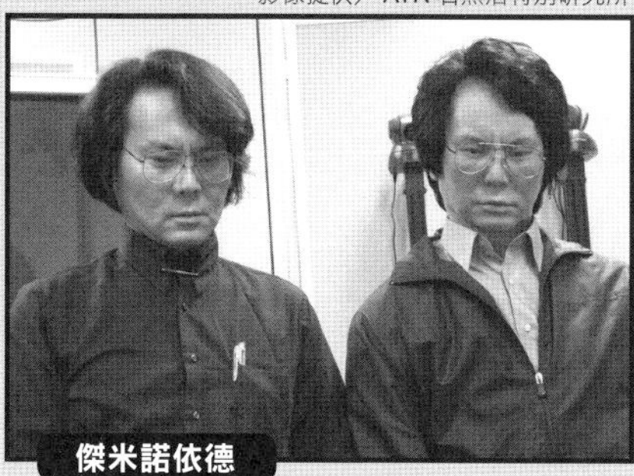
傑米諾依德

機器人可以做到如此近似人類的皮膚

精緻到與人類沒有區分的機器人，也是溝通交流機器人追求的最終型態之一。但是想要重現人類皮膚所具有的溫度、彈性與膚色不均，十分困難。即使只有些許的不同，人類的雙眼也能輕易的看出哪個是人造品。

話雖如此，人造皮膚技術日新月異，矽膠與聚氨酯（PU）等橡膠材質在外觀和觸感上皆十分接近人類，也已使用於上方照片中的傑米諾依德（金氏世界紀錄認證為世界上最像真人的機器人）身上，效果精緻無比。另外，零食製造商不二家也曾經在活動等場合展示過企業吉祥物PEKO醬機器人。這具機器人使用了人造皮膚，獲得了實際觸摸過的孩子們一致好評，覺得觸感相當真實。

▲人造皮膚。使用柔軟性佳的矽膠與耐用性高的聚氨酯製作。

特別專欄

溝通交流機器人玩具也進化了

機器人技術的進步也擴展到了玩具的世界。能夠辨識使用者之後做出反應，甚至具備對話功能的機器人玩具，售價僅需幾萬日圓，也是十分推薦的入門款溝通交流機器人。

◀My哆啦A夢。身上配備了九個感應器的溝通交流機器人。

開發／BANDAI　※目前已停產

機器人的設計近似人類的原因爲何？

機器人與人類的關係今後將會更深厚

影像提供／本田技研工業（股）公司

艾西莫

人類為什麼會希望機器人與自己相似呢？如果是希望它們協助人類工作，只需打造像固有的工業用機器人一樣，具備特定功能的設計應該就可以了呀！可以想到的其中一個原因，是因為機器人擔任的角色越來越多，必須與人類共享生活空間。如果不會開門、上下樓梯，就無法順利的在家裡工作。如果外型與人類相同的話，機器人就能夠使用人類使用的工具，例如：平底鍋或吸塵器等。此外，比起冷硬的機器，擬人化的機器人比較有利於融入日常生活中，不讓人感覺詭異。也就是說，這是個人觀感的問題，所以也就會因人而異。有些人喜歡機器人保有機器的感覺，也有些人喜歡與人類更相似的人造人類型的機器人。今後也將會開發出各式各樣的人型機器人，無論是哪一種類型，就像人類自古以來就不斷描寫的故事一樣，人類對於機器人均有著對其他機械所沒有的親切感，這或許正是機器人長相類似人類的真正原因。只要這種親切感存在，人類與機器人的關係今後也將會益發深厚。

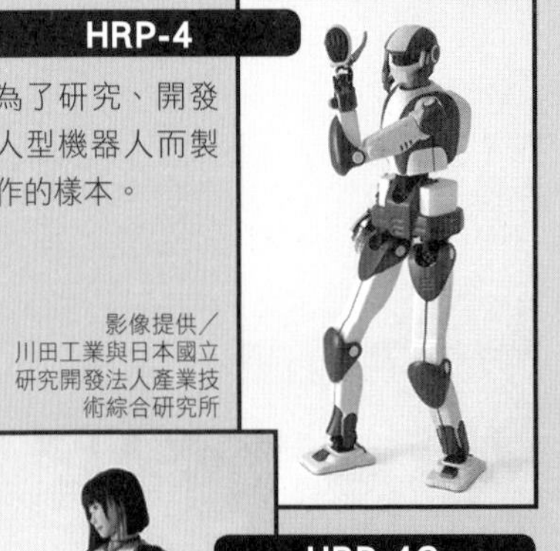

HRP-4

為了研究、開發人型機器人而製作的樣本。

影像提供／川田工業與日本國立研究開發法人產業技術綜合研究所

HRP-4C

以HRP-4為基礎所開發的女性外型機器人。會唱歌、演戲。

影像提供／日本國立研究開發法人產業技術綜合研究所

大雄的直升機

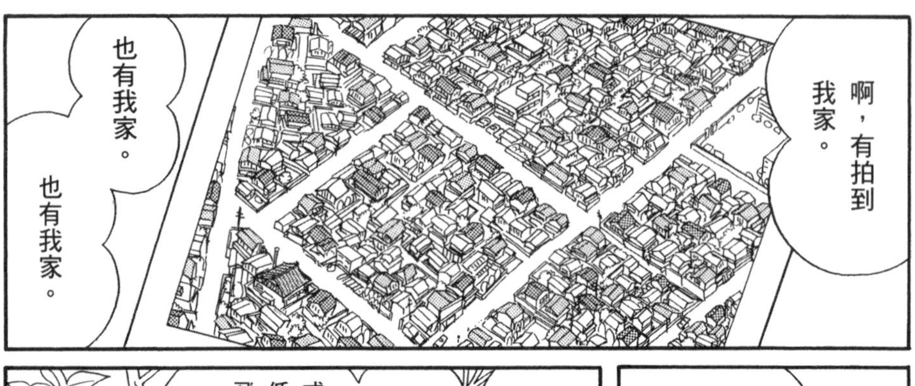

啊，有拍到我家。
也有我家。
也有我家。

這是我在直升機上拍的。

直升機很刺激喔！
可以停在空中，或是在地面上低空飛行。

「你們也去坐坐看吧？」
「雖然不太可能。」說那什麼話？

給我直升機。

要飛行的話，用「竹蜻蜓」就好了啊？
我想坐的是直升機。

我要的不是玩具啦！

全能機器人解讀機Q&A

Q 救災機器人真正開始進行開發，是在阪神淡路大地震之後。這是真的嗎？

※噗嚕嚕

※噗嚕嚕

※噗嚕嚕嚕嚕

A 真的。阪神淡路大地震的發生，促使研究人員與政府開始熱衷於研究救災機器人。

Q 日本的海洋面積（海洋水域）是世界第幾大？

A

第六。國土面積雖然排名第六十位，不過海洋面積是第六大，因此也希望借助機器人的力量進行海底資源探勘。

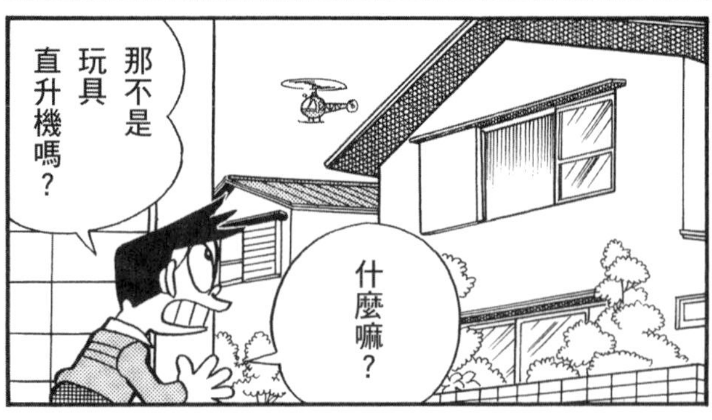

全能機器人解讀機Q&A

Q 第一艘從月球帶回石頭的無人探測器是……？①阿波羅號 ②月球號 ③飛天號

A ②月球號。一九七〇年，蘇聯（現在的俄羅斯）的月球十六號無人探測器首次帶回月球岩石。

全能機器人解讀機Q&A

Q 世界盃足球賽會場中，曾經使用機器人擔任保全。這是真的嗎？

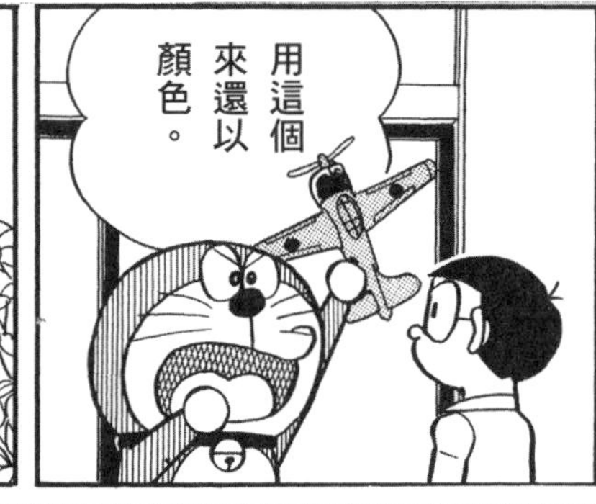

※轟隆

※轟隆

※旋轉 ※轟隆

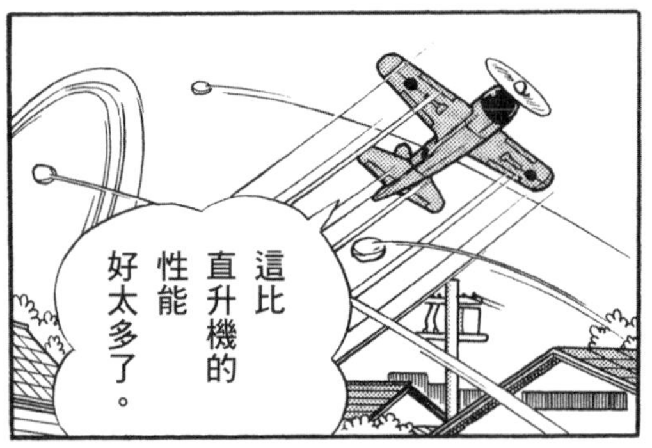

A 真的。二〇〇六年在德國舉行的世足賽上，曾經使用機器人探測化學物質的氣味等，尋找爆裂物。

在人類無法處理的環境中活躍的機器人

代替人類值勤的各種機器人

各位是否知道，有些機器人開發出來，是為了進入人類難以進入的區域，例如：太高、太窄、太危險的地方呢？

舉例來說，救難機器人（機器人Q）就是為了能夠進入火災或毒氣空間救人而製造出來的。它配備有攝影機、機械手臂、履帶，能夠利用遠端操控，把受傷的人類放在體內，搬運到安全的場所。

另外，也有機器人是用來代替人類進入狹窄昏暗的地方。

影像提供／東京消防廳

▲救難機器人（機器人Q）

蘑菇（moogle）就是為了能夠進入住宅地板下進行檢查而開發的機器人，能夠運用照明設備與攝影機，確認是否有裂縫或螺絲鬆動等現象，表現相當傑出。人類平常無法進入的場所累積了許多灰塵，對健康有害，不過如果使用機器人，就無須擔心這個問題了。

其他還有在災害發生時，可以從瓦礫堆底下搜尋人類的救援機器人、進入下水道或瓦斯管線的檢查維修機器人、進入深海底或遙遠太空星球進行調查的探測機器人、去除地雷或炸彈等危險物品的危險物品處理機器人等，有許多機器人正在代替人類面對艱難的狀況。

▼在狹窄空間進行檢查的機器人「蘑菇」（moogle）。

影像提供／大和住宅工業（股）公司

東日本大地震中使用的機器人

二〇一一年發生東日本大地震，當時在災區使用了許多救災機器人。

其中最受矚目的，是初次進入福島第一核電廠的日本國產機器人昆斯（Quince）。

核電廠裡有許多坡度很陡的樓梯。意外發生後，裡面充滿許多會傷害人類與機械的輻射。昆斯機器人經過改良，能夠應付這類人類難以進入的嚴峻環境，實際在核電廠內部成功進行了攝影與輻射量檢測等工作。

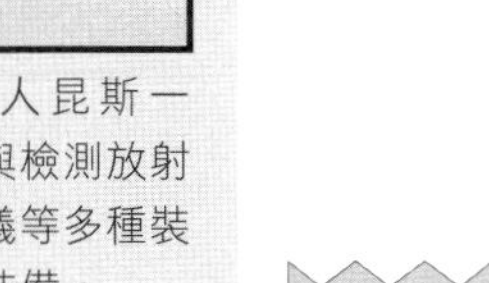

▲緊急災難應變機器人昆斯一號，配備有多台攝影機與檢測放射線的輻射劑量計、水位儀等多種裝備。亦可配合狀況變更裝備。

◀由昆斯機器人所拍攝，福島第一核電廠三號核子反應爐圍組體內的清楚畫面。這是機器人從二樓登上三樓階梯的途中畫面。

影像提供／千葉工業大學

另外，小型無人航空器 RQ-16T 天勾（HOOK）從上空拍攝核電廠、水中探測機器人第三代鐵錨潛將（Anchor Diver III）在海中搜尋失蹤人員，諸如此類，救災機器人在東日本大地震中從陸海空各方面全方位提供協助。

日本常發生地震和颱風等等天災，為了以防萬一，救災用機器人的開發刻不容緩，希望各位記住這點。

▼水中探測機器人第三代鐵錨潛將。重量減輕至約 15 公斤，可一人獨自攜行。

影像提供／
東京工業大學名譽教授廣瀨茂男 福島研究室

▼小型無人航空器 RQ-16T 天勾利用汽油引擎啟動。最高時速約 130 公里，內建全球定位系統（GPS），可靜止在正確的位置上。

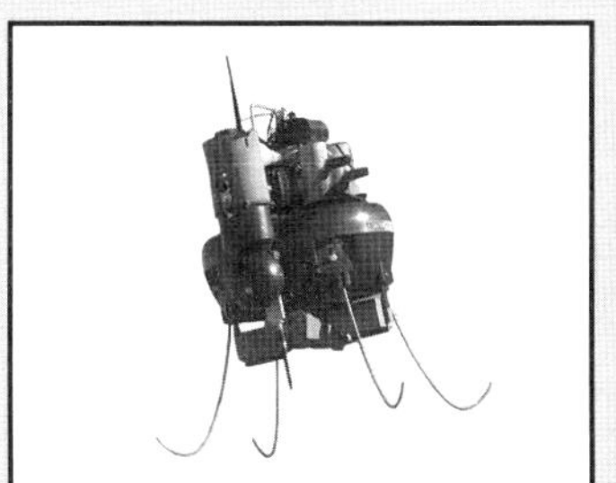

影像提供／
漢威聯合國際 Honeywell International

對於救援與探測機器人所下的苦心

發揮動物能力，進入人類無法前往的場所

災難現場總是有些過於狹窄又危險，人類無法進入的地方，救災機器人的設計多半是為了因應這類狀況，其中也有些設計的靈感，是源自於動物的能力。

日本中央大學中村研究室在機器人身上，重現蚯蚓和蝸牛等特定動物的能力，以及人類腸子與肌肉等身體局部的動態，並將其使用於各種目的上。

比方說，HARo-I是根據水黽在水面和陸地上都能行走的能力而開發的機器人。只要利用該能力，遇上地形多樣的災區，也能夠進行救援行動。

另外，為了因應機械零件與金屬管線等複雜的交纏狀態，開發出了「超長機械手」。一般機器人的手臂或手掌通常只有少數關節可以彎曲，無法在不合常理的蜿蜒場所移動，研究人員注意到大象的鼻子每個部位都可以彎曲，因此仿造重現，打造出了「超長機械手」。

我們人類能夠辦到的事情很有限，不過將動物的特殊能力設計在機器人身上，就能夠進入災難現場，拯救更多生命。

◀水黽機器人HARo-I。在地面上步行時，使用前後四隻腳；在水面上前進時，則是前後腳固定，以中間的腳滑動。

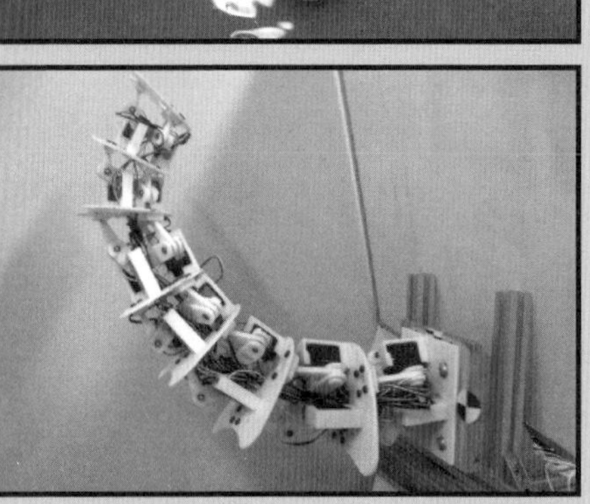

◀超長機械手連接了數個可動部位，構造很長，即使遇到結構複雜的地方，也能夠配合狀況改變形狀進入。

影像提供（上下圖）／中央大學 中村研究室

活躍於深海與太空裡的機器人

深海或太空對於機器人來說也是相當嚴苛的環境。在水裡，水深四百公尺處的水壓相當於被金屬球棒打到；在太空裡，則是會遇到比地球上高出數百倍的輻射線，造成機械損壞。

而且，待在無線電波無法傳達的深海，以及無線電波必須花上好一段時間才會送達的遙遠宇宙裡，很難搖控操作機器人。小行星探測器「隼鳥號」抵達小行星糸川時，無線電波必須花上約十七分鐘才能夠從地球送達（與地球的距離約三億公里）。如果派探測器前往更遠的地方，將會花上更久的時間。因此能夠在深海與太空中活動的機器人，需要的不是遵從命令，而是要能夠自行判斷狀況並行動。這個能力稱為機器人的「自律性」。

舉例來說，自律型海洋機器人「鮪魚三明治」，能夠一邊以感應器避開岩石，一邊進行調查。而隼鳥號則是被設計成能夠自行做標記，並根據標記著陸的機器人。

◀自律型海洋機器人鮪魚三明治。最多能夠潛水至水深一千五百公尺處，可自動進行海中調查長達五小時。根據不同用途，亦可使用遙控器操控。

影像提供／九州工業大學社會機器人具體化中心 浦環

特別專欄

東京老街的工廠挑戰深海！

2013 年，以東京都和千葉縣的老街工廠為主力，開發出無人探測機器人「江戶之子一號」進行深海調查。

在這項計畫中，為了打造成本低廉且操作容易的探測機器人，設計時採用了「利用鉛錘重量沉入海底，調查完畢後割斷鉛錘浮上來」的簡單構造設計。這樣簡單的構造，最後卻成功拍下了世界第一個海底 7800 公尺處超深海生物的 3D 影像。

▼隼鳥號能夠找尋自行拋下的直徑 10 公分目標標記，無須從地球操作，即可安全著陸在小行星糸川上（原本的計畫是這樣，但遺憾的是因為隼鳥號的感應器探測到障礙物，因此取消了使用這種方式降落的計畫）。

插圖／加藤貴夫

影像提供／ JAXA

在艱難狀況下使用的機器人有諸多難題

我們需要救災用機器人

救災用機器人攸關人命，因此對於機器人的要求也相對較高。

　最重要的是，機器人必須能夠在災難現場確實並快速的行動。一般而言，救災用機器人的需求量較工業用或家用機器人少。但是，我們不知道何時會發生地震或火災等災害，因此必須持續開發與製造救災用機器人，確保需要時就能派上用場。一如各位所知，災難一旦發生超過七十二小時，失蹤者的生存機率就會大幅降低，因此救人行動是在與時間賽跑。

　最近，不只是機器人的硬體配備，各類支援機器人的軟體系統也正積極開發中。比方說，千葉工業大學未來機器人技術研究中心就開發出核災處理機器人的「遠端自動充電系統」、「遠端消除汙染系統」、「災難因應機器人操作訓練模擬器」等，整合出更安全、更能確實因應災害的機制。

　然而，最重要的當然不是高性能的機器人，而是負責操控機器人的「人類」。在法國有安特拉集團（Groupe Intra），在德國有ＫＨＧ等專業的核電廠意外對策小組在訓練救災機器人的操作。日本如果希望能夠在災難現場將機器人的用途發揮到極限，今後或許也需要成立這類受過特殊訓練的災難救援小組。

插圖／佐藤諭

確保安全的機器人與軍用機器人的分界線

機器人代替人類應付的危險狀況之一，就是處理炸彈或武器。需要解除恐怖份子安裝的炸彈、處理過去戰爭中埋設的地雷時，就是機器人出場的時候了。

例如：爆裂物處理機器人II型，裝有攝影機與能夠從事微小動作的手臂，它能幫助人類透過遙控器處理爆裂物。

另外，參考工地挖土機開發出來的清除地雷機器人BM307-V5與它的第二代，已經在柬埔寨、阿富汗、尼加拉瓜、安哥拉等世界各地處理了眾多地雷。

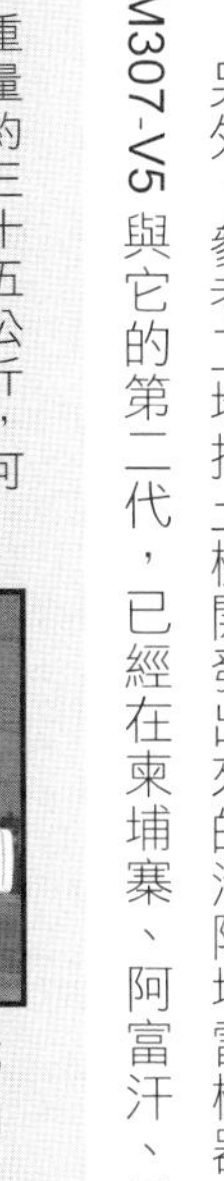

影像提供／防衛省技術研究總部

▲重量約三十五公斤，可載運成年男性的爆裂物處理機器人II型。

影像提供／日建（股）公司

▲可利用裝置在懸臂上的旋轉式切割器引爆地雷的BM307-V5。開發過程相當辛苦。

雖然爆裂物處理機器人是為了確保人類安全而開發出來的，但是在另一方面，研究人員也熱衷於開發攻擊用途的軍用機器人。

事實上，配備武器的無人攻擊機已經被實際運用在戰場上。機器人原本是代替人類工作的便利工具，如今卻被當成武器使用。未來，人類甚至有可能必須與機器人對戰，諸如此類的問題都引人非議。希望各位也想想機器人技術進步所帶來的正反兩面影響。

▲無人攻擊機多半可從遠端操控，因此也經常發生誤傷無辜民眾的情況。

插圖／佐藤諭

▲戰爭本身固然可怕，不過敵人若是機器人，光是想像起來就覺得很可怕！但機器人原本應該是人類的夢想呀！

插圖／佐藤諭

發明家的大發明

如果胖虎和
小夫想欺負我，
我就能
立刻逃跑——
給我那種
道具吧。

你這個人
啊……
與其靠道具，
還不如
振作點，
別讓人
欺負比較好。

否則永遠都
沒毅力
又遲鈍，
總是
被大家
瞧不起……
生氣～

也不用說得
那麼過分
吧？
我是
為了你好
啊。

再也
不照顧你
了。
我要
回去了!!
回去！
快回去，
再也別來
了!!

Q NASA（美國太空總署）的太空人當中有機器人。這是真的嗎？

A 真的。世界第一位機器太空人Robonaut 2（簡稱R2）自二〇一一年起便派駐在ISS（國際太空站）上。

大雄在那!!

不能隨便在外面走了。

喂，站住。

哆啦美!!

因為擔心你，所以我才來的。

真體貼。
和哆啦A夢差真多。

對了，以後就由妳來照顧我吧？
那是不可能的。

Q 有一種機器人不需要人類開口說話，只要在腦袋裡想，就能夠命令它行動。這是真的嗎？

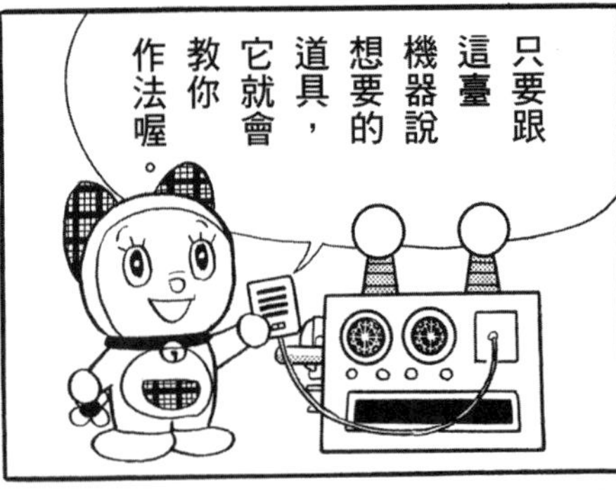

A 真的。利用電極感測腦波後行動的機器人已經實驗成功了。

哇啊……

不行！

這個我做不來。

怎麼可以不試就放棄了呢!?

「蟑螂帽」的設計，簡單來說就像這樣。

雷達天線

能正確調查周圍的狀況。

魚眼透鏡

能發現敵人從哪裡接近。

電極

讓電流通過肌肉，迅速行動。

電腦

能計算該往哪邊逃比較好。

「材料箱」。
任何材料都找得到。

按照說明去做，很簡單的。

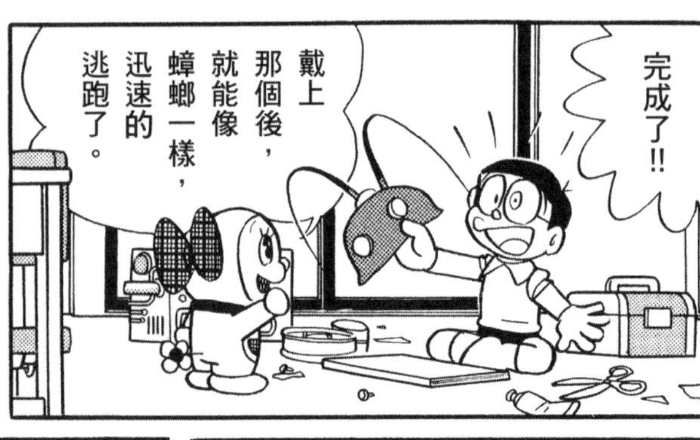

完成了!!
戴上那個後，就能像蟑螂一樣，迅速的逃跑了。

真的能順利嗎？

立刻來試試看。

大雄!!

※閃

他跑去哪裡了？

這下沒問題了。

大雄來了!!

Q 下列的機器人競賽，何者是真實存在？①機器人測驗 ②機器人盃 ③機器人等級表

※閃

※撞　※瞬間移動　※撞　※瞬間移動　※撞

Ⓐ ②機器人盃。這場大賽預計將在二〇五〇年舉行，人型機器人的目標是踢贏人類世界盃足球賽的冠軍隊伍。

Q 有機器人在博物館裡替民眾說明展示內容。這是真的嗎？

A 真的。日本科學未來館的艾西莫（ASIMO）是日本首位科學交流機器人。它也挑戰做展示說明。

用關節把管子連接起來……
完成了！
這個要怎麼樣……
才能飛呢？
※嘎嘎
「抬起右腳，在右腳落地前抬起左腳。同樣的動作，快速重複，就能在空中走路」真的嗎……
ググッ
※飄起
ピョコ ピョコ
能走了!!
真的能在空中走路耶！
啊…啊!!
ブルル
※旋轉

哇啊，大雄在空中走路!!

全能機器人解讀機Q&A

Q 日本有些迴轉壽司店裡，有壽司機器人幫忙捏壽司。這是真的嗎？

A 真的。最新的壽司機器人每小時可捏出三千顆以上的壽司飯（白飯），甚至還出口到其他國家。

Q ISS（國際太空站）的機械手臂能夠像尺蛾幼蟲一樣活動。這是真的嗎？

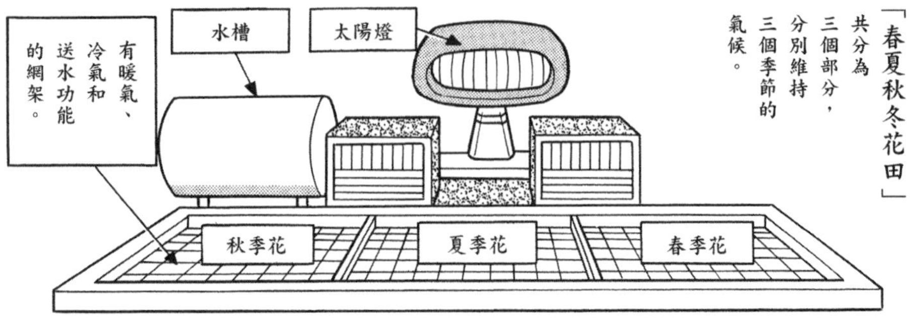

「春夏秋冬花田」
共分為三個部分，分別維持三個季節的氣候。
太陽燈
水槽
有暖氣、冷氣和送水功能的網架。
春季花
夏季花
秋季花

如何？
哇啊～好漂亮!!
謝謝你。

大雄～
我們有事拜託你。

發明考試能拿一百分的鉛筆吧。
能成為運動員的藥。
零用錢製造機。

都是我想要的東西。
立刻來做吧。

A 真的。ISS上有個連接機械手臂的部分，接上機械手臂就能夠活動。

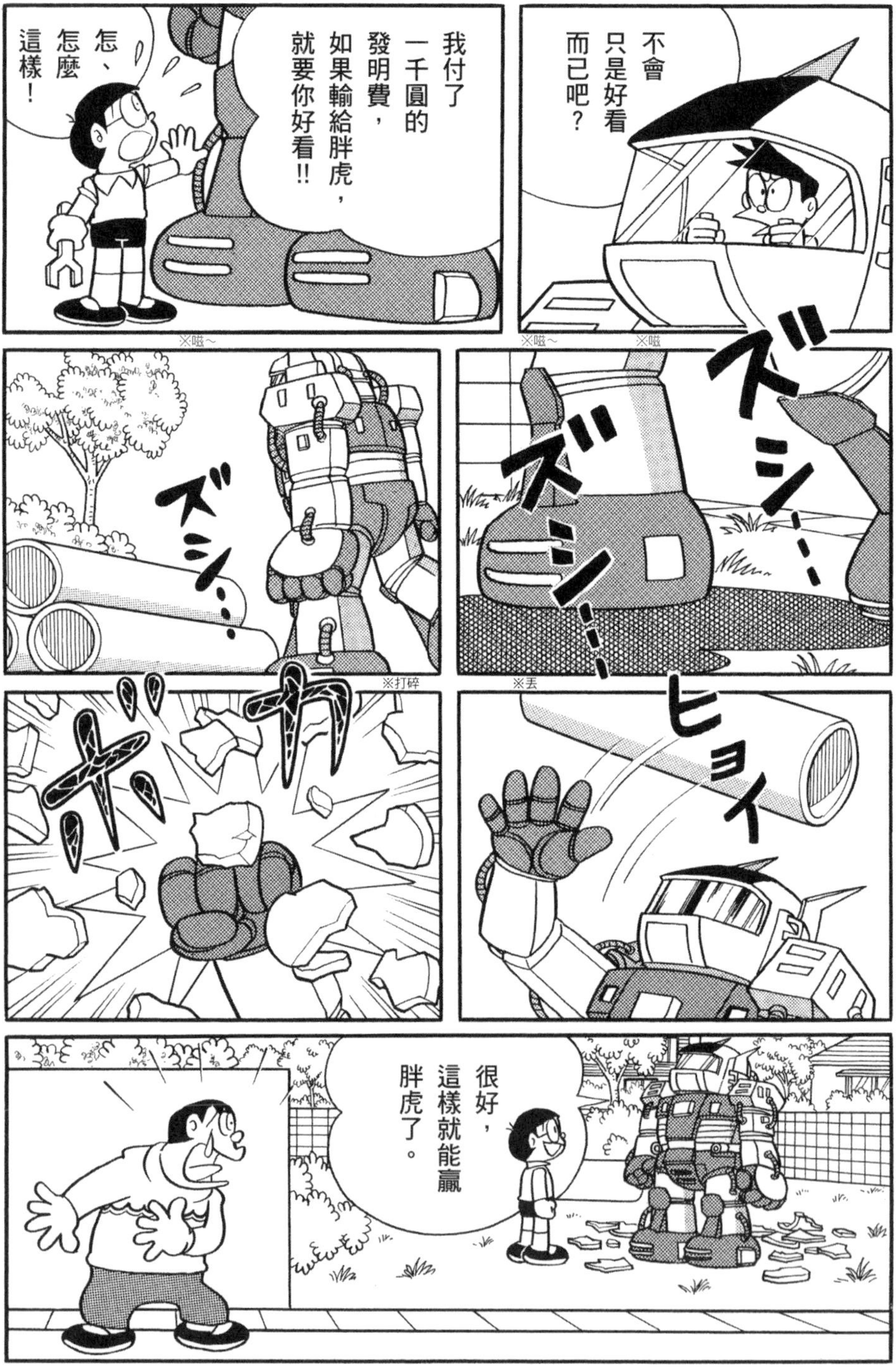

Q 裝甲機器人這個概念，最早是從動畫裡開始的。這是真的嗎？

不會只是好看而已吧？

我付了一千圓的發明費，如果輸給胖虎，就要你好看!!

怎、怎麼這樣！

※嗞

ズシン…

ズシン…

※嗞～

ズシン…

※嗞～

ヒョイ

※丟

ガッ

※打碎

很好，這樣就能贏胖虎了。

A 假的。羅伯特·海萊恩（Robert A. Heinlein）的小說《星艦戰將》中出現的動力裝甲才是最早。

喂喂……
大雄！

給我不管對方多強，都能欺負對方的道具!!
咦～!!

給你十圓!!如果敢拒絕，我就揍你!!

不論對手多強，都能欺負對方的道具。

和小夫的好像。
結果都是打架的道具嘛。

我可是付了十圓喔，如果輸給小夫，就要你好看!!

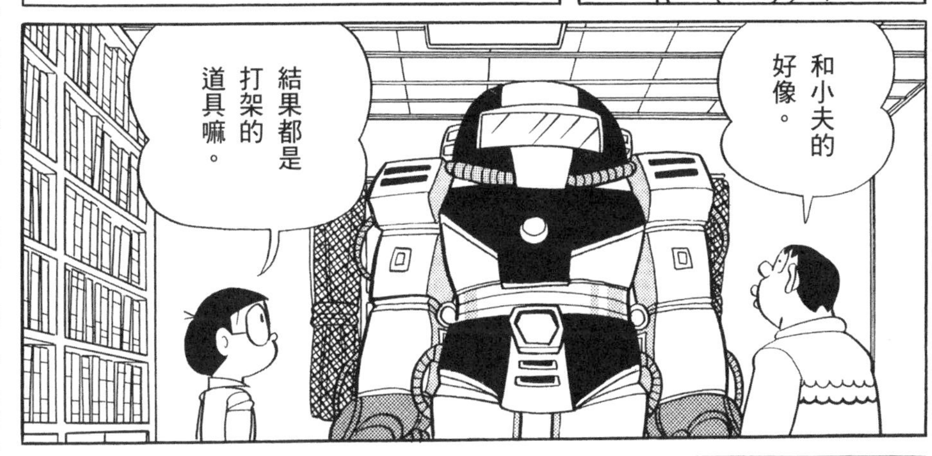

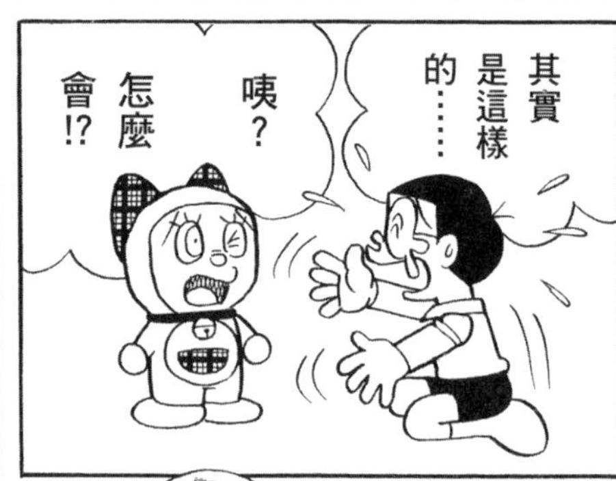

全能機器人解讀機Q&A
Q 類人類（Humanoid）也曾經參加時裝秀。這是真的嗎？

A

真的。日本國立研究開發法人產業技術綜合研究所的HRP-4C，曾經參加日本時裝週的婚紗秀演出。

Q

有機器人擔任學校的服務臺工作。這是真的嗎？

※抓住

※往下壓

※淚流滿面 ※往下壓

※鞠躬

A 真的。東京理科大學的SAYA就曾經實際在大學和百貨公司擔任服務臺工作。

※驚嚇

會給鄰居添麻煩的，快點住手啊！
再不住手，當心我教訓你喔!!

果然還是哆啦A夢可靠。
哪有…嘿嘿嘿。

哆啦A夢，竟然去向我媽告狀。
竟然去找我媽媽。

你做的「蟑螂帽」借我。

真是靠不住啊。

何謂人型機器人？

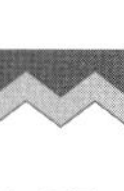

哆啦A夢屬於人型機器人嗎？

哆啦A夢雖然是貓型機器人，不過以現在的技術分類來講，也算是具備兩隻手臂、可雙腳步行的人型機器人（類人類）夥伴之一。這類機器人擁有類似人類的外型與尺寸，人類較容易覺得親近，能夠與人類一樣在路上或家裡等空間活動。

在人型機器人的組成技術上，一些對於人類來說理所當然的事情，要套用在機器人身上卻困難重重。兩條手臂活動時不互相碰撞、雙手能夠完全精準交握等，均是最新的技術成果。

▲擁有近似人類上半身的雙臂機器人正普及於工廠等地。

影像提供／NEXTAGE 川田工業

雙腳步行在過去被認爲是不可能辦得到的

在地球上超過四千種的哺乳類之中，能夠直立靠雙腳步行的只有人類了。人類能以細細的雙腳支撐全身重量，即使改變重心也不會跌倒。有人說機械不可能像人類這樣以雙腳步行，但是在一九七二年發表的ZMP控制法，卻讓我們看到了實現的可能性。這個方法是將機器人的重量與前進的力量平衡集中在腳底。

現在從能夠搭載人類的裝甲機器人，到擺在桌上只有幾十公分的小型機器人等各式各樣的機器人，都已經可以用雙腳步行了。

◀在桌面上可以自由擺出各種姿勢的小型人型機器人。全長五十七公分。

照片／NAO Aldebaran Robotics（股）公司

機器人為什麼有各種外型？

不會只是好看而已吧？

配合目的設計成最適合的樣貌

你或許會感到意外，機器人其實沒有固定的外型，因此無法光從外表判斷是否為機器人。不管是人型、生物型、四方盒型，都稱為「機器人」。

為什麼機器人有這麼多種外型呢？因為機器人的外型會配合製造目的而改變。

為了達到目的，機器人必須製成最適合的形狀。

參考生物外型的機器人

我們都知道，地球上光是已知的生物就有兩百萬種以上。生物配合環境進行形形色色的演化，而機器人的功能開發，就是重現這些生物優異的特徵。

舉例來說，昆蟲有六隻腳，而且六隻腳均用在步行上，不過有時也會配合需要，用四隻腳支撐身體，另外兩隻腳當作雙手使用。於是人類也將這樣的特徵重現在機器人身上，開發出配合用途、擁有六隻形狀相同的腳可當作手、腳使用的機器人。

反之，也有像蛇這類沒有手腳的生物。蛇類的活動範圍很廣，除了沙漠與森林等陸地之外，也有幾種蛇類是可以在水中活動的。蛇這種生物不管是在寬敞空間、狹窄場所或是在水中，都能夠扭動身體自在的活動，因此人類重現這項特徵，開發出水陸兩用，並且能進入狹窄場所的蛇型機器人。

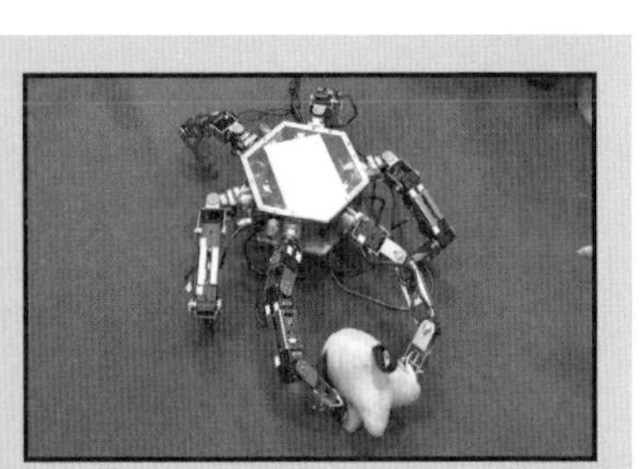

影像提供／ASTERISK
大阪大學基礎工學研究所 新井研究室

影像提供／ACM-R5H HiBot（股）公司

保留機械外型的機器人

還有一種機器人的開發方式，是參考過去就存在的機械。

比方說，開發飛行機器人的話，或許無法像鳥類一樣拍動翅膀，但可以利用直升機或飛機的飛行機制。如果是開發水面上或水中使用的機器人，即使無法像魚兒一樣游動，也可以參考船隻或潛水艇的技術。目前已經有能夠像潛水艇一樣進行水中探測的AE2000機器人（下方右圖）。

在陸地上使用的機器人中也有乍看之下不像機器人的作品，只是個四方型箱子加上輪子的組合而已。這個機器人就是自動行走草莓採收機器人（下方左圖）。它能夠藉由偵測四周的磁力移動，並利用攝影機畫面分辨果實的顏色，移動機械手臂，採收成熟的果實。

特別專欄

哪一種比較厲害？機器人與專用機械

機器人和專用機械最擅長的就是重複幾萬遍同樣的作業內容。那麼，機器人與專用機械，哪一種比較優秀呢？

即使同樣是經由電腦控制，專用機械反覆的執行事先設定好的動作，在進行既定工作的速度與正確程度上，是連機器人也比不上的。但是專用機械不會做既定工作之外的事情。比如說，材料用完了，專用機械也不會在意，仍會繼續做著同樣的動作。

機器人能夠辨識外在狀況，自行判斷並行動。單純比速度固然比不上，不過機器人卻懂得處理問題。

▼能夠直接剪枝、不碰草莓就採收。上面的四方型部分是草莓專屬存放區。

影像提供／宇都宮大學

影像提供／東京大學生產技術研究所

人類「穿戴式」機器人

就像漫畫中出現的「蟑螂帽」、「空中步行機」一樣，機器人也朝向有實際用途的裝甲型發展中。

舉例來說，農夫在採收樹上果實時，必須一直高舉雙手工作。這工作有多辛苦，你只要手持沉重的寶特瓶持續往上高舉就能夠體會。這類工作現在也可利用支撐上半身的農家幫手裝甲進行（最上方的照片）。

搬運重物時又是如何呢？抬起物品的動作一定會造成手臂和腰部的負擔。肌肉裝甲機器人（中間的照片）的人造肌肉是利用氣壓輔助手臂和腰部的力量，舉起重物時，大約能夠減輕三十公斤的重量。

目前也正在研究穿在腳上的機器人。KAI-R（最下面的照片）是幫助復健的機器人，作用是讓動過關節手術的人能夠再度走路，輔助髖關節、膝蓋、腳步的動態，讓使用者恢復步行能力。

如果穿戴式機器人能夠普及，辛苦的工作就可以變得輕鬆，受傷或生病而無法行動的人也能夠再度活動，對於民眾的生活一定會帶來幫助。

影像提供／Kubota（股）公司

影像提供／東京理科大學

影像提供／山梨大學

玩洋娃娃

全能機器人解讀機Q&A

Q RC車（無限遙控玩具車）也使用了機器人驅動上的重要零件。這是真的嗎？

A

真的。無線遙控器使用的伺服馬達，也實際運用於機器人的行動控制上。

※哈哈大笑

Q 我們所看到的大多數人型機器人，其實都有真人躲在身體裡做動作。這是真的嗎？

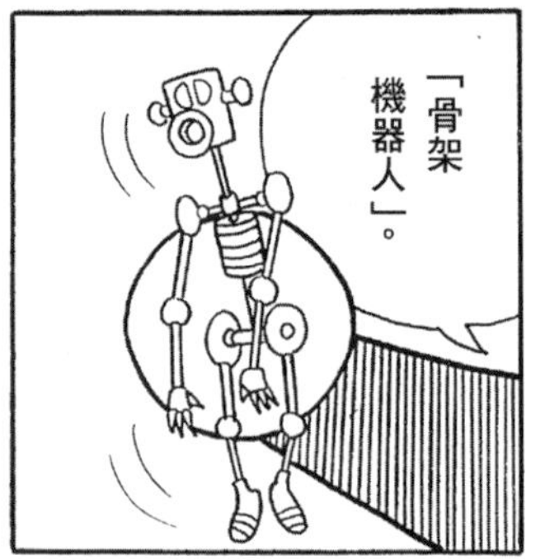

※舞動

A 假的。機器人與人類即使有著相似的外表，但關節數量、位置，以及身體活動的方式皆相差甚遠，因此不可能。

全能機器人解讀機Q&A

Q 有一種機器人並不聽從人類指示，而是給予人類指示。這是真的嗎？

馬上就還妳了！

クスクス
這不是我要用的。

※憨笑

這樣就不會再抱怨了吧。
你們要好好相處，一起玩喔！

我們來玩吧！
現在是吃飯時間！

吃完飯再跟我玩呢？
已經是晚上了，睡覺吧！

已經天亮了。
開車出去兜風吧！

我也要跟你們一起玩啦！

哇啊！

我才不要假扮娃娃啦！

A 真的。日本產業技術綜合研究所的「泰造」機器人，就是負責給予人類運動指令或協助運動，指導人類進行復健或健康操。

驅動機器人必須具備哪些技術?

讓機器人動起來的驅動器

機器人能夠做出抓住物品、上舉以及走路等所有動作，仰賴的是驅動器。那是把流入機器人體內的電力等能源轉換成實際動作的重要零件，相當於驅動生物身體的肌肉。驅動器包括進行旋轉動作的伺服馬達、步進馬達，以及直線運動時發揮力量的汽缸，另外利用形狀記憶合金、橡膠等製作的人造肌肉也正在開發中。

▲人類的關節是利用肌肉收縮而活動。

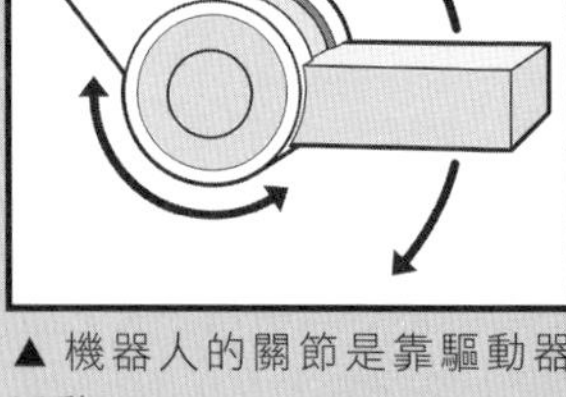

▲機器人的關節是靠驅動器活動。

插圖／加藤貴夫

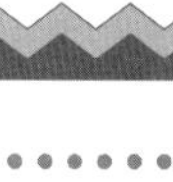

驅動的力量能夠改變移動的速度

靠乾電池驅動的一般馬達，每分鐘可轉動四千到一萬轉以上。但是高速旋轉的馬達只要用手指按住旋轉中心就可以簡單的停止運行，速度雖快，不過驅動的力量不是太強。這項特性與用在機器人身上的強力馬達一樣，能量來源雖是遠比乾電池更強的電力，卻很難單靠馬達發揮很強的力量。

於是乎由精密齒輪組合而成的減

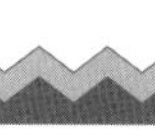

▼組合多顆精密齒輪的減速機內部構造。

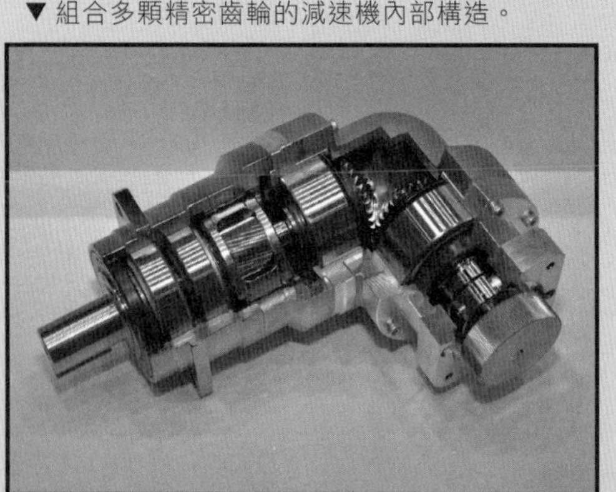

影像提供／日本電產 SHIMPO（股）公司

速機就被創造出來了。假設減速機的效率如果是百分之百的話，使用同樣強度的能量時，減速機就會將馬達轉速降到十分之一，並使其發揮將近一百倍的力量。減速機的效率有時雖然會造成能源損失，不過的確會增強驅動力。

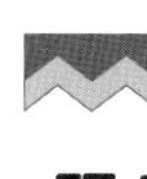

用磁浮列車驅動機器人？

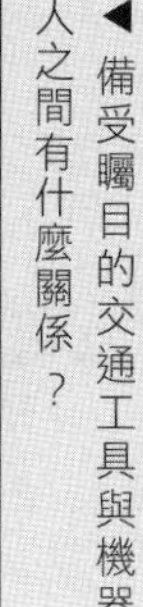

◀備受矚目的交通工具與機器人之間有什麼關係？

插圖／佐藤諭

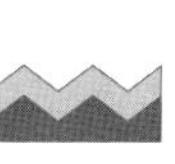

這裡要講的不是時速五百公里奔馳的磁浮列車。磁浮列車的英文原文linear motor car，意思是「線性馬達列車」。

線性這個字顧名思義是「直線」的意思，亦即這種馬達的轉動方式與一般馬達的旋轉轉動方式不同，它是以直線方式移動，因此稱為線性馬達。

機器人直線移動時如果使用旋轉馬達的話，必須有一個將滾珠螺桿、齒條與小齒輪等零件的旋轉變成直線的機械裝置。多了這個機械裝置，機器就會變得又大又重，或是發生歪斜以及能源損耗現象，也會變得需要常常保養與維修，因此效率不彰。但是如果改用線性馬達，就能夠縮小外型、提高操控性，在維修保養上也會更容易。當然，這個驅動機制與磁浮列車一樣，仰賴的是磁鐵相吸、相斥的力量移動，速度也比起使用多個機械裝置增加數倍。行動快速又能夠應付突然加速或停止，因此線性馬達很適合用來驅動機器人。

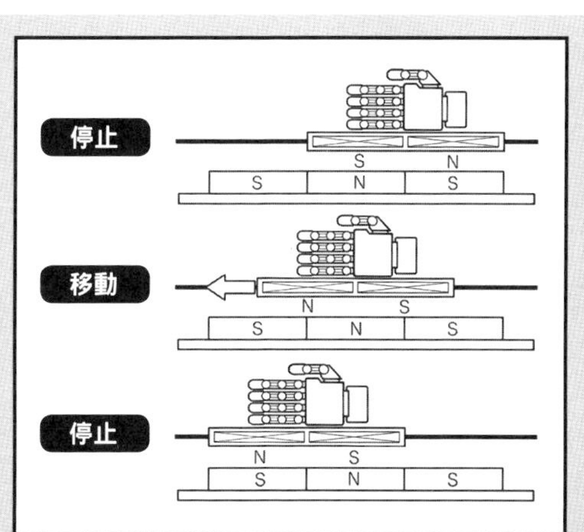

◀如果在靜止狀態下逆轉線性馬達的電磁鐵，就可利用N極和S極互相吸引、同性相斥的原理前進了。

插圖／加藤貴夫

能夠模仿人類手臂動態的機械裝置

機械手與機械手臂的結構

擁有人類手臂功能的機器人或機械，稱為機械手或機械手臂。人類的手臂在肩膀、手肘以及手腕三處有關節，肩膀可以縱向、橫向、旋轉三方向活動；手肘可單向活動；手腕也可縱向、橫向、旋轉三方向活動。活動範圍各由三個不同的關節，支援七個方向的動態組合而成，因此人類能夠自由的活動手臂。

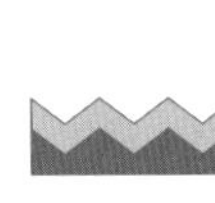

模仿人類手臂關節與關節連接成一串的構造，稱為「串接式機械手臂（serial link）」。

機械手臂又是如何運作的呢？為了能夠自由活動，至少也要在縱向、橫向、垂直這三個方向分別加上旋轉功能，使其能夠六方向活動。人類與機器人相較之下，是機器人的關節活動範圍比較大，人類的手肘無法往後彎曲，但是機器人的關節能夠三百六十度活動。模仿人類手臂的機械手也有六個關節可以自由活動。可朝六個方向活動，亦即六軸的機械手臂，多半用於工業用機器人身上。

特別專欄

並聯水平式多關節機械手臂

如果仿造人類手臂使用多個關節的話，構造就會變得複雜，因此並聯水平式多關節機械手臂（Parallel Link Robot）設計成一個關節可裝上多款手臂。一般認為這款機器人適合強力、精細的工作。

影像提供／FANUC（拳頭機器人）

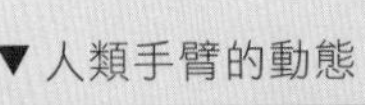

▼人類手臂的動態

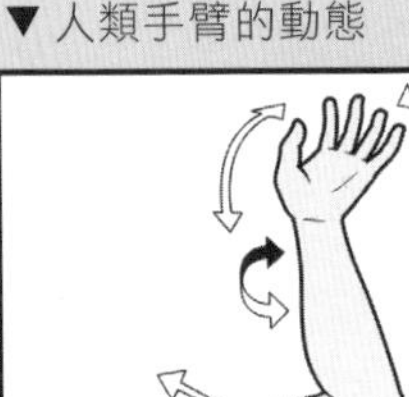

▼六軸機械手臂的動態

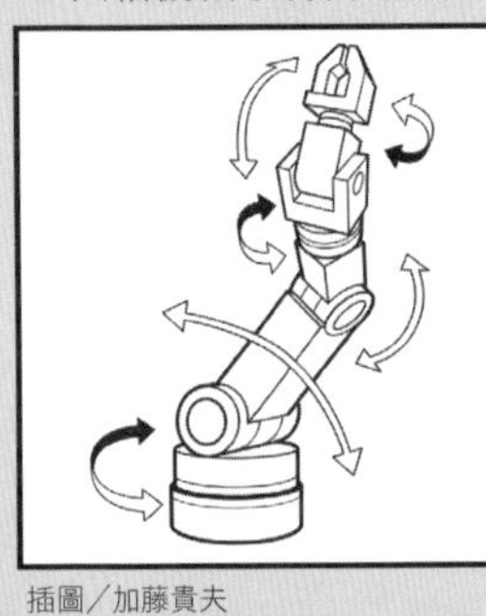

插圖／加藤貴夫

影像提供／真空 PAD VMECA

▲ 利用機械手臂上裝的吸盤和吸力裝置舉起物品（圖中為模型車）。

影像提供／D-Hand DOUBLE 技研（股）公司

▲ 機械手的三根手指、九個關節由單顆馬達驅動。

機械手臂如何進行抓取、放開、舉高等動作

人類挪動手臂的目的，通常是為了要用手抓住某個物品。機械手臂也一樣，它的前端裝有能夠抓住物品、執行任務的零件。

人類的手相當精密，光是一隻手就有十九個關節。也有能夠完全仿造人類手臂的機械手臂，不過對於工業用途來說，這類機械手臂多半太過精密，反而難以保養維護。因此後來又開發出將手部功能簡化，只用單顆馬達就能夠驅動複數關節的機械手臂。

要能夠運用適當的力道抓住物品，對機器人來說並不容易。人類的力量不會弄壞的物品，換作是機器人的話很可能會弄壞。但是，只要不堅持以手指抓取物品的話，還有其他方式可以舉起物品。工業用機器人普遍是利用氣壓，像吸盤一樣吸住物品舉高。

特別專欄

沒有手指的機械手

國際太空站希望號日本實驗室裡的機械手，前端有三根金屬線張開成圓筒型，將物品放入中央，金屬線就會旋轉並牢牢抓住物品。機器在太空中很難進行維修，因此用途簡單又耐用很重要。這個機械手最多能夠拿起七公噸的重物，亦可耐用十年以上。

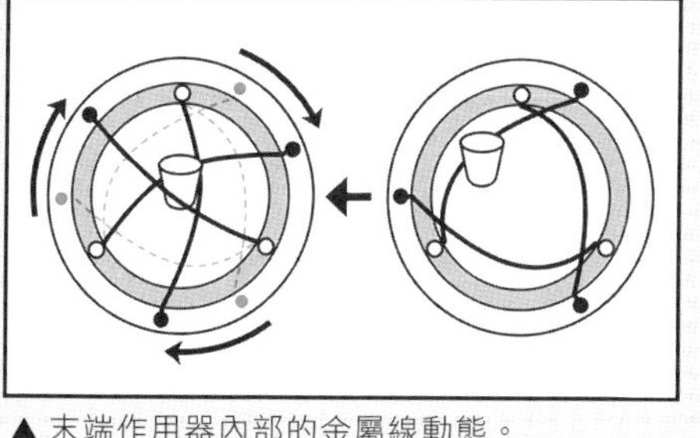

▲ 末端作用器內部的金屬線動態。

插圖／加藤貴夫

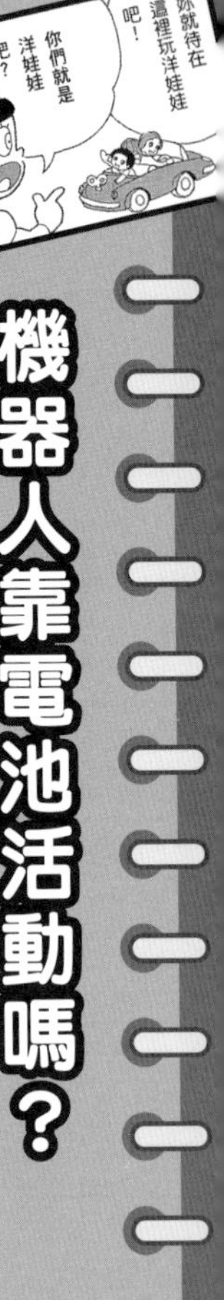

機器人靠電池活動嗎？

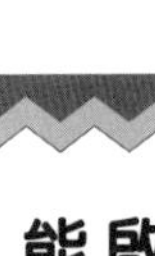

啟動機器人的能源

現在的機器人主要是靠電力啟動馬達活動。若是固定型的機器人，除了用電力當能源之外，也可自由選擇使用水力或油壓等液體能源、火力等的熱能、太陽光等的光能、燃料電池等化學反應能，諸如此類種類繁多的能源。

獨立活動的移動型機器人為了確保能源不會短缺，必須利用插頭，接上位在其他地方的能源，或是必須事先帶著燃料或電池等。日本的近畿大學等研究機構為了讓機器人能夠在人類無法前往的環境裡執行任務，開始研究使用雷射傳送能源的方法，不過目前尚未能夠實際派上用場。

現今的機器人還無法像哆啦A夢那樣，無論在哪裡都能隨時補充能源，甚至連吃下去的東西也都能轉換為能源。

在缺乏補給的環境中工作的機器人

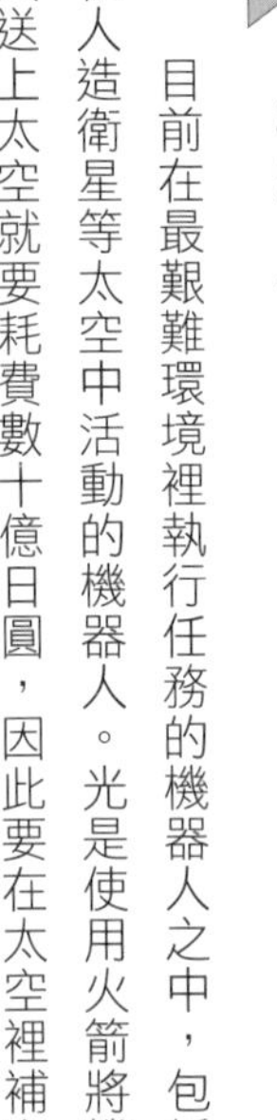

目前在最艱難環境裡執行任務的機器人之中，包括了在人造衛星等太空中活動的機器人。光是使用火箭將機器人送上太空就要耗費數十億日圓，因此要在太空裡補充燃料幾乎是不可能的。然而，能源一旦用盡，機器的壽命也就結束了。科學家希望將燃料盡量用在維持機器在軌道上，因此最重要的就是確保電力。在太空中能夠接收到比地表強約十倍的太陽能，所以太陽能電池便成為了主要的能量來源。

影像提供／JAXA

▲準天頂衛星「引路號」張著比主機還大的太陽能板。

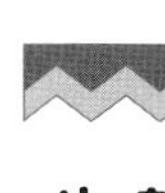

即使沒有太陽能也能夠活躍的機器人

有些探測器會前往遠到無法利用太陽能的地方，那它們又是如何發揮功用的呢？

現在飛到距離地球最遠地方的人造宇宙探測器，是一九七七年發射升空的航海家一號。它目前的速度是每秒十七公里（時速六萬一千兩百公里），飛行距離已經超過一百八十七億公里。航海家號的訊號送達地球必須花十七個小時以上。二〇一二年時，它越過了太陽系的邊界，飛入恆星間的空間，現在也仍在持續進行觀測。在這樣的距離下，如果要等待地球發出的指令，探測器就無法進行適當觀測，因此少不了能夠自主行動的自律型機器人探測器的協助。航海家一號就使用了三臺電腦連動控制。

現在的航海家一號所需要的能源相當於一臺家用吸塵器，也就是四百二十瓦左右。在地表上要取得能源並不難，但是一旦到了那麼遠的地方，就連太陽能也無法利用了。

航海家一號在距離太陽一百八十七億公里以外的遙遠宇宙，卻仍然能夠持續活躍三十年以上的祕密，在於它使用了地表上機器人所沒有配備的特殊核能電池（放射性同位素熱電機），可將鈽238衰變時產生的熱轉換成電。航海家一號大約會在二〇二五年左右耗盡所有電力並停止作用。光靠著出發時配備的核能電池，也能夠保持活動約五十年。

所以，驅動機器人的能源必須配合目的與活動場所，選擇最適合的類型。

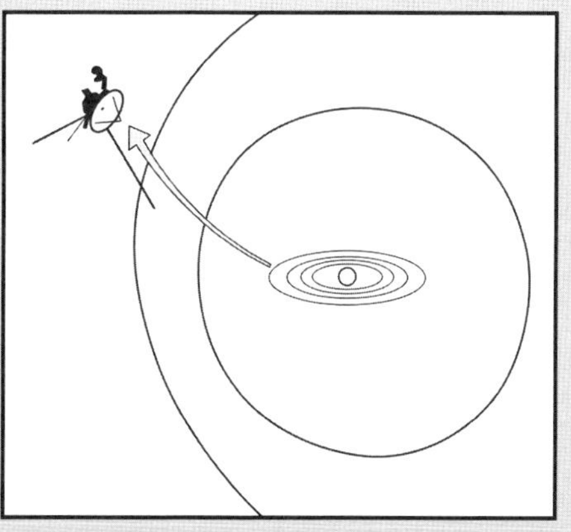

插圖／加藤貴夫

影像提供／NASA, JPL-Caltech

採訪機器人

後來啊，山田先生的老婆大發脾氣，就回娘家去了。
難怪最近都沒看到她。
誰叫她老公要搞外遇啊！
再偷偷跟你們說一件事，可別說出去喔。
川口先生的兒子啊……
什麼！真的假的？
他相了三十八次親!?
結果後來怎樣呢？新娘決定了嗎？
我也不知道……後來就沒聽說了。
等我有最新消息，再告訴你們吧。
嗨，小夫！你那邊有什麼好玩的消息嗎？
當然有囉。統統都是熱騰騰的一手消息呢。

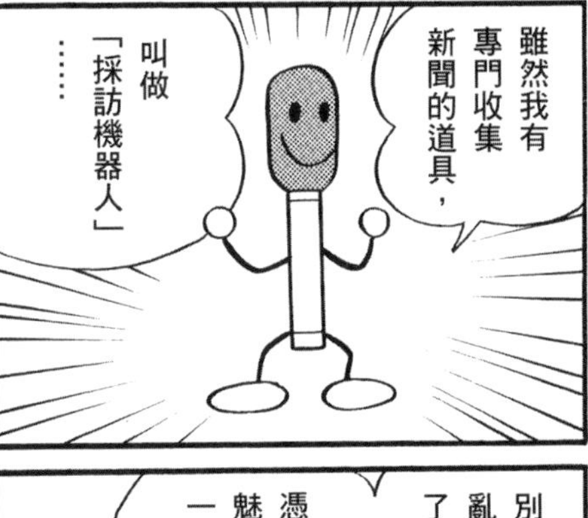

全能機器人解讀機Q&A

Q 對機器人來說最困難的是下列何者？①摺紙摺得很漂亮 ②做出好吃的料理 ③唱卡拉OK

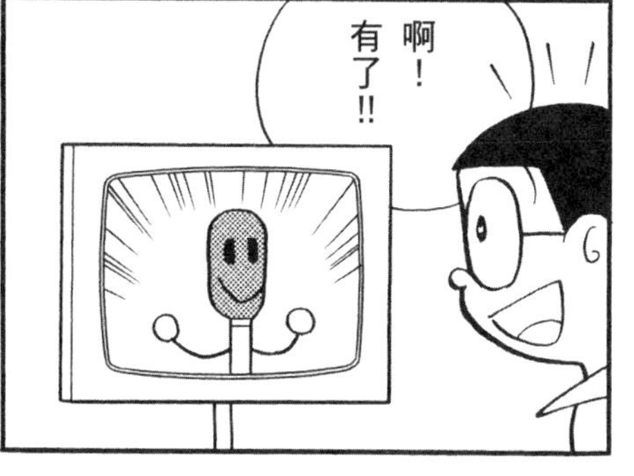

A ②做出好吃的料理。人類對於味覺仍有許多不明白的地方，因此機器人還需要一段時間才能夠嚐出味道。

Q 力道的調整很困難，所以機器人無法與人類握手。這是真的嗎？

這裡是川口先生的家。
這次我想針對他第三十八次相親做一個相關報導。

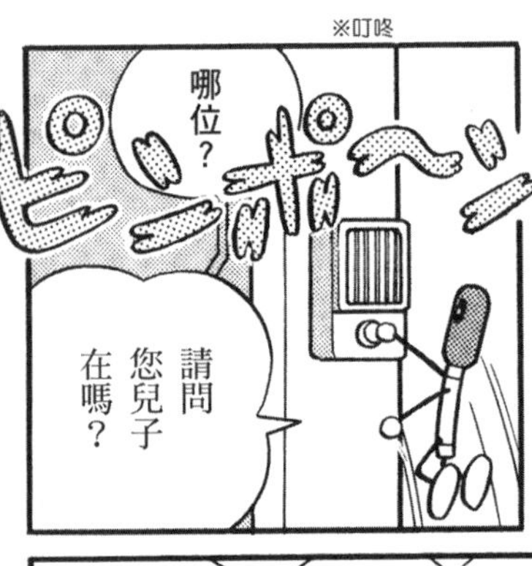

※叮咚
哪位？
請問您兒子在嗎？

聽說你昨天去相親了。
嗯……

那對方給你什麼樣的印象呢？
什麼印象啊……
很漂亮啊……

那你很喜歡她囉？
……嗯。

第一次和對方見面，川口先生的愛苗就有如烈火般燃燒著。

所以你很想立刻跟對方結婚吧？
如果可以的話……

川口先生說一股希望在他心中燃起。

A 假的。可感覺到人類手上的溫度與柔軟度的握手機械手已經存在了。

喔！他終於要結婚了嗎!?

對方是個怎麼樣的人？結婚日期呢？
……？

我再去調查看看。

等一等！你還不能回去！

我希望你再去挖掘更深入的消息。
好！我就一次徹底調查清楚吧。

結婚日期決定了嗎？到哪裡蜜月旅行呢？打算生幾個小孩？

我跟對方提過，但被拒絕了。

咦？為什麼？
我怎麼會知道啊！

說一句話形容你此刻的心情吧…喂…喂…

事情有了意外的發展！想知道答案，非得去問問女方的看法才行。
嗯嗯！

※用力關門

Q 機器人能夠區分人類的長相。這是真的嗎？

※電擊

任何人都阻擋不了「採訪機器人」的。

每次只要大雄擅自亂來，就沒有好下場。

回來後，非得好好唸他一頓不可！

各位！這位就是甩了川口先生的空野小姐。

請問妳拒絕他的理由是什麼？

因為他…實在太老實了。

還有我們之間沒話題。他的腿也太短了…

這樣川口先生太可憐了啦。

是啊！雖然他不太會說話，但人很好啊。

A 真的。挑選出人類臉部特徵進行分析，就能夠分辨人臉的機器人已經出現。

※用力關門

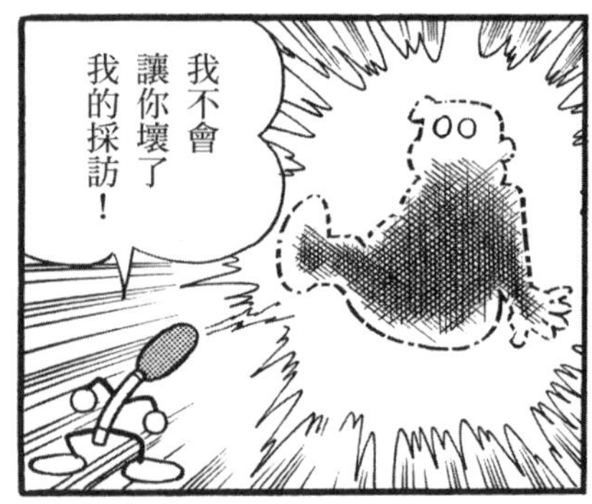

Q 機器人的對話類似行動電話的何種功能？①通話功能 ②收發電子郵件功能 ③智能選字功能

※霹靂啪啦
放手！再不放手的話…
ビリ
ビリ
ビリ
我絕對不會放手的！

※啪滋

好像沒電了。

川口先生!!

從此之後倆人開始交往，
最後終於訂婚了耶。

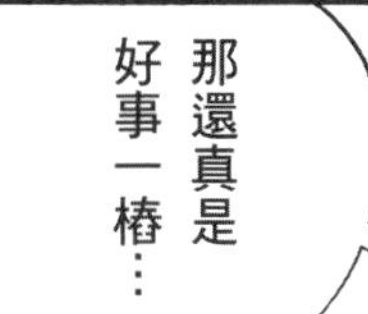

那還真是好事一樁…

少了唸他一頓的機會真是可惜。

A ③智能選字功能。機器人是在語音上使用該功能，搜尋聽到內容的相關詞彙與話題。

機器人如何看與聽？

以機器人與人類做比較

我們人類在做出「看」或「聽」的舉動時，通常不必經過特殊思考，很輕鬆就這麼做了。比方說，一看到早上叫自己起床的人，我們就會知道對方是媽媽。一聽到媽媽的聲音，就會回答：「早安。」你或許覺得這些事情理所當然，但是要求身為機械的機器人做這些事情卻十分困難。

我們的眼睛、耳朵和鼻子等感覺器官會接收包含物體的形狀、顏色、聲音高低、氣味、熱度、力量大小等眾多外來的刺激，接收到的刺激會轉換成訊號傳送到我們的大腦，大腦在一瞬間就能夠處理好這些資訊，分辨出「這是母親的臉」、「這是母親的聲音」，並且命令你回答：「早安」。

機器人使用攝影機和麥克風，代替眼睛和耳朵接收外來的刺激，將刺激轉換成資訊後，交由電腦處理。但是，無論多麼厲害的電腦都還是比不上人腦。

科學家們竭盡所能的開發能夠接近人類的各種能力。儘管還沒辦法與人類完全相同，不過能夠辨識物體、分辨聲音的機器人相繼問世。目前也已經有能夠與人類對話的機器人出現，可望為我們的生活帶來助益。

人類與機器人的視、聽構造

人類
眼睛和耳朵等感覺器官
神經
肌肉
腦
外來的刺激
資訊
命令
反應
攝影機與麥克風
感應器
馬達
電腦
機器人

插圖／佐藤諭

機器人的視覺架構

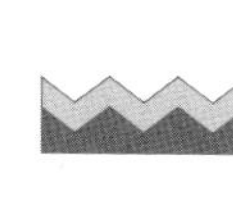

眼前出現蘋果時，我們一看到就會立刻知道「這是蘋果」。為什麼會知道？因為眼睛接收到蘋果的形狀和顏色資訊，就交由大腦一併處理及辨識。大腦還能夠進一步判斷蘋果的位置距離自己是近是遠，然後命令肌肉如何拿取。

機器人的體內沒有這麼方便的大腦，因此必須根據事先記住的步驟和處理流程（程式）把資訊變成訊號，一一計算之後才知道看到的是什麼。與人類完全不同的地方在於，機器人判斷的不是「我看到什麼？」而是「我在看什麼？」。也就是說，機器人只能夠辨識事先學過的事物。

想要看到蘋果的話，機器人體內的電腦必須先記住蘋果的相關資訊。攝影機做為機器人的眼睛，拍下蘋果的畫面之後，將畫面轉換成訊號，傳送到電腦上，從畫面的訊號選出輪廓、向量空間、顏色等特徵，轉換成資訊，電腦會計算這些資訊是否符合之前曾經記憶過的蘋果資訊。如果符合，就會判斷這是「蘋果」。

工廠的機器人可以利用這樣的視覺機制，找到工作上需要的物品或判斷工作是否正確。而為了與人類共同生活的最新機器人身上，也裝有能夠辨識人臉或讀取笑容、生氣等表情的視覺裝置。

機器人看東西的機制

攝影機
影像
感應器
測量
距離
位置
色彩
形狀
大小
電腦
計算
各式各樣的程式
影像辨識、判斷
這是蘋果。

插圖／佐藤諭

▼被機器人瞪了？看起來像眼睛的部位其實是攝影機。

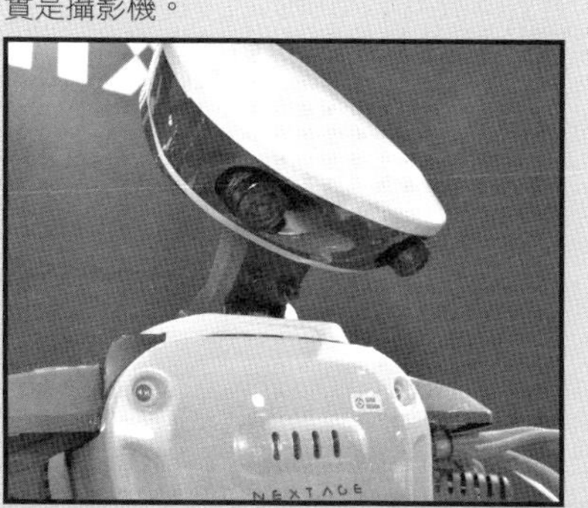

開發／川田工業

機器人的聽覺架構

在教室裡，我們可以判斷是老師或是同學在說話，而且即使教室裡很吵，只要朋友對自己說話，我們還是能夠自然的聽見對方說話的內容。那麼，機器人又是如何分辨聲音的呢？

機器人身上有代替耳朵功能的麥克風。麥克風會將接收到的各種聲音轉變成電子訊號傳送到電腦裡，然後從充滿雜音的各種聲音中，取出想要的聲音。取出的聲音有時是人聲，有時是音樂。

機器人聽聲音的機制

聲音
↓
麥克風
↓
感應器
↓
電腦（透過各種程式計算）：
辨別聲音的方位
↓
區分必要的聲音與雜音
↓
取出必要的聲音
↓
判斷聲音

電腦裡有處理聲音的程式。首先判斷擷取的聲音來自哪個方向（音源方向檢測），接著判斷內容在說什麼（語音辨識判斷），最後聽從該聲音所下的命令使機器人行動（動作控制）。

讓電腦能夠理解人類說話內容的功能稱為「語音辨識」。現在的技術是在電腦裡事先記錄詞彙製作辭典，再從辭典中選出最接近的內容，辨識詞彙的意義。如果遇到「箸」和「柱」這樣同音異義的情況時，電腦也能夠根據前後內容做出判斷喔！

▲看起來像耳朵的部分其實是揚聲器。麥克風裝設在頭部四周四個地方。

影像提供／Aldebaran Robotics（股）公司

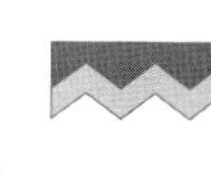

機器人能否與人類對話呢？

恰皮特（Chapit）是能夠說話的小型機器人。只要對它說：「你好可愛。」它就會回答：「謝謝。」機器人能夠從內建的電腦辭典中找出最類似聽到的內容，並判斷語意。

機器人說話是靠電子合成出類似人類的聲音。它必須事先儲存人類說話的聲音，再以該聲音當作材料。先找出一個個的單字，再透過將這些單字組合，機器人就能夠說很多話了。研究人員特別費了一番工夫讓它接近人類實際說話的方式，因此能夠說得很流暢。

開發／RayTron

恰皮特還能夠利用眼睛的動作，以及臉部的發光來表達喜悅與悲傷等不同情緒，幫助我們可以與機器人相處得更融洽。

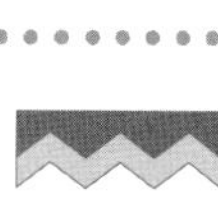

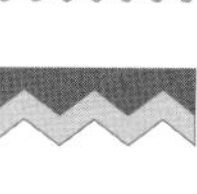

機器人能否感覺到氣味和味道呢？

人類能夠聞到花香或感覺甜、鹹等，體驗到氣味與味道。機器人也能有同樣的感受嗎？

人類以鼻子和舌頭接收氣味與味道的來源物質，將刺激傳到大腦後產生感覺。但是，氣味和味道的來源物質種類繁多，感官構造複雜，而且也仍有許多我們還不清楚的部分，所以氣味與味道的感官技術遠遠落後於視覺和聽覺的技術。

現在正在進行開發的是配備有感應器、可以對氣味與味道的來源物質產生反應的機器人。機器人透過感應器找到該物質的同時，也可以利用這樣的反應，測量該物質的含量。而能夠檢測房間是否發生瓦斯漏氣的機器人，目前也正在開發中。

然而，即使機器人能夠測量飲料中所含的砂糖含量，距離能夠判斷飲料有多甜，或是能夠判斷出好不好喝等感覺的目標還很遙遠。看來還需要花上一些時間，試味道的廚師機器人才能夠研發成功。

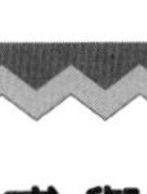

機器人明白東西的觸感嗎？

與人類手指一樣的感應器

人類觸摸東西時會產生「觸覺」這種感覺。對於機器人而言，這種感覺也很重要。

假如移動中的機器人，無法感覺到自己碰到人類而停止活動的話，會很危險。觸摸到物品時，如果手指無法判斷這是軟或硬，就無法抓起物品。而且，當機器人的手臂在活動時，如果不清楚要朝哪個方向施加多少力量的話，機器人也無法控制自己的行動。因此，機器人在全身上下均裝設了可以感覺壓力等力量變化的觸覺感應器。

感應器是一個平面，施力時，檢測該平面歪斜了多少或分析排列在平面上的顏色粒子改變了多少，就能夠計算力量的方向與大小。目前已經開發出各種類型的感應器，感應能力也有長足的提升，可瞬間區別並掌握按壓、輕碰、撫摸等刺激。

「帕羅」是為了撫慰人心而打造的海豹型機器人。外表是可愛的海豹模樣，體內卻裝著多達十二個觸覺感應器，遍及全身。所以只要它感覺到被人撫摸、拍打或擁抱，就會配合做出反應。如此一來，人類與機器人的感情也會越來越好，而且一點也不會覺得厭倦。

▲一摸就會眨眼睛或擺動尾巴的帕羅，祕密在於遍及全身的觸覺感應器。

影像提供／日本國立研究開發法人產業技術綜合研究所

腹語娃娃

隔這麼久我又有新歌了。

我自己作詞作曲的喔。想聽嗎？

什麼？新歌!?

※拳打腳踢

全能機器人解讀機Q&A

Q 機器人的大腦「人工智慧（AI）」一詞出現在何時？①十九世紀②二十世紀③二十一世紀

快趁胖虎還沒改變心意前回家。

我現在也不方便回家。

今天考試又考零分!!

大雄回來的話……
媽媽，冷靜點。

什麼？是這樣嗎？
我也是考得不好，但沒關係。

你來看看吧。

小夫!!

不要啊!!媽媽!!

A ②二十世紀。一九五六年，人工智慧研究者召開的達特矛斯研討會中首次出現「人工智慧（Artificial Intelligence）」一詞。

全能機器人解讀機Q&A

Q 在美國最受歡迎的電視猜謎節目中，人工智慧（電腦）打敗人類獲勝。這是真的嗎？

生氣會讓皺紋增加的。

媽媽美麗的臉要是有很多皺紋，我會受不了的!!

我下次會加油的！
因為我希望媽媽能夠永保青春美麗。

喔……小夫真是乖孩子……

真會轉移話題啊。

我會好好跟他說。
好吧！那我這次就不多說了。

別生氣，媽媽!!

妳那美麗……也稱不上的臉，要是再增加皺紋的話，我會看不下去的。

真笨啊！
沒救的笨蛋。

A 真的。二〇一一年，由IBM公司開發，搭載「華生（Watson）」問答系統的電腦獲勝，得到一百萬美元的獎金。

※張嘴說話

全能機器人解讀機Q&A

Q 遊戲軟體中使用的人工智慧會故意輸給對手。這是真的嗎？

真是太可惜了。
但是為了媽媽，我很樂意讓給您。

照這樣下去不知道會不會給我零用錢？

是誰規定一年只能拿一次壓歲錢？
現代人不必遵照古人的習慣，每個月都可以拿的！

只要是娃娃說的，連這種歪理都通用嗎？

別說得太過分，萬一沒有娃娃的話是會露出馬腳的。

沒關係。
我就這樣一直帶著。

大雄!!
是老師!!

這次考試你考得那麼差，不快去寫作業還在這裡閒晃！

A 真的。人工智慧熟悉遊戲的內容，它如果認真玩，人類贏不了它，如此一來我們就沒辦法好好玩遊戲了。

Q 打敗專業棋士的將棋軟體，在一秒內能想出接下來幾步棋的走法？①四萬 ②四十萬 ③四千萬

張開

我實在沒有辦法讓自己成績變好。

就算……全班都很聰明……

大家也都很認真用功唸書……

在考試後也一定會有排名!!

所以……就讓我為大家犧牲考零分……

世界上至少應該要有一個這樣的笨蛋吧！

大雄!!

沒想到你是個這麼體貼的孩子……
老師誤會你了。

以後也要加油喔！
努力考零分吧！

A

③四千萬步。將棋軟體「ponanza」能夠一邊思考所有棋路的發展，一邊決定接下來的致勝棋步。

※拍手

全能機器人解讀機Q&A
Q
日本計算速度最快的超級電腦「京」在一秒內能夠計算幾次？①一億次②一兆次③一京次

※握緊

A ③一京次。「一京」等於一兆的一萬倍，在一的後面有十六個零，是相當大的數字。

※嘩啦

全能機器人解讀機Q&A

Q 像人類這樣已經能夠自行思考、判斷、行動的人工智慧已經投入實際用途了。這是真的嗎？

A 假的。「自我學習機器人」仍在逐漸進化，目前已經懂得學習經驗，並利用在下一次的行動上。

機器人的大腦「人工智慧」是什麼？

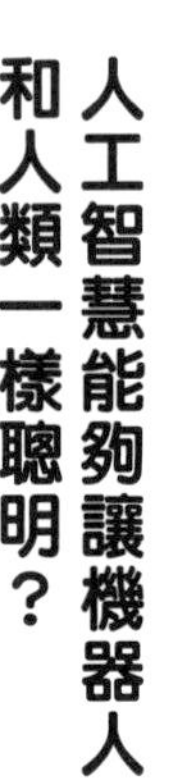

人工智慧能夠讓機器人和人類一樣聰明？

會回答聽到的問題、懂得繞過障礙物步行等，能夠像人類一樣行動的機器人接二連三的問世。所謂人工智慧，是指讓機器人等機械做到像人類用腦（智能）完成事情的技術。

這項研究從距今約半個世紀之前，在電腦誕生的同時展開。科學家認為利用電腦就能夠打造出人工智慧。然而，電腦技術的發展，的確促使人工智慧進步，機器人能夠正確執行程式編入的行動、從經驗中學習，或是從內建的知識中選擇最正確的答案，並得以辦到人類智能活動的一部分，但這些與人類的智能仍然相去甚遠。這樣的進展也是理所當然，因為我們對於人類腦部的活動與智能，也尚未能夠全盤掌握。

因此機器人的人工智慧仍然存在著許多問題。例如：假設打造了一臺能夠將手上茶壺的水倒進杯子裡的機器人，如果杯子倒了，會出現什麼狀況呢？我們很自然的會把倒下的杯子豎起再倒水，但是若要要求機器人做出同樣反應的話，必須事先教會它往杯子裡倒水時可能發生的各種狀況，否則機器人無法像人類一樣成功把水倒進杯子裡。

與人工智慧比較之後，你應該就能明白人類的大腦有多偉大了！

◀我們覺得很簡單的動作，對於機器人來說其實很困難。

插圖／佐藤諭

以考上東大爲目標的機器人？

人工智慧也被應用在電玩遊戲上。應該有許多人有在玩對戰型象棋遊戲或運動遊戲吧！玩家玩象棋時能夠彷彿在與真人競賽，就是因為有人工智慧的關係。

目標！考上東大！
我擅長計算，但是無法理解題目……

◀人工智慧擅長計算和記憶的內容，不過無法理解文章。

插圖／佐藤諭

這類電玩遊戲領域的人工智慧（電腦軟體）正如火如荼的開發中。一九九七年稱為「深藍」（Deep Blue）的程式打敗了人類的西洋棋世界冠軍。二〇一三年，將棋電腦軟體「ponanza」首次在公開賽上擊敗職業棋士（四段），也在當時成為話題。

除了電玩遊戲之外，日本國立情報學研究所等研究團體正在開發挑戰大學入學考試的人工智慧「東機君」，目標是考上東京大學。二〇一三年參加補習班模擬考的「東機君」在滿分九百分中只拿到三百八十七分，偏差值四十五，不過擅長的數學科則拿到偏差值接近六十的好成績；日本史和世界史也高於全國平均。但是另一方面，必須深入理解文章內容，否則無法作答的國文和英文就頭痛了。看來考上東大之路依舊遙遠。

特別專欄

利用超級電腦重現人類大腦！

除了利用人工智慧重現人類智能活動的研究之外，在電腦上重現人類大腦的研究也正在進行中。2013 年夏天，研究人員利用擁有日本第一（世界第四）演算能力的超級電腦「京」，成功重現約占人類大腦百分之一的十七億個神經細胞，以及連接這些細胞的十兆個突觸所能夠做到的腦神經迴路活動。

這是前所未有，世界最大規模的模擬實驗，但是即使將「京」的性能發揮到極致，也要花上四十分鐘時間，才能夠完成真實大腦一秒之內就能夠辦到的計算。

自主學習、思考、行動的機器人！

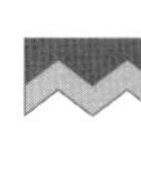

電器也變成擁有人工智慧的機器人？

在四十三頁和四十四頁中介紹過，二〇〇〇年誕生的雙腳步行機器人「艾西莫」現在已經升級。在它的行動變得更流暢的同時，判斷力與溝通交流能力等人工智慧也逐漸強化。

早期它能夠回答簡單的問題或配合指示行動，後來提高了應答能力，能夠理解人類的動作、辨識對方長相並叫出名字。最新的「艾西莫」身上更配備了各式各樣的感應器，能夠判斷人類的行動與周遭狀況，甚至進化到能夠自主行動。比方說，它能夠問人群他們想知道什麼問題，並且針對最多人舉手的問題進行說明。人工智慧的升級促使「艾西莫」成長，讓它能夠與人類合作進行各種活動。這類能力是未來人類與機器人一起生活時不可或缺的。

我們日常生活中的家電用品，近年來也發展成為搭載人工智慧的產品，具備溝通能力。機器人吸塵器「可可路寶（COCOROBO）」（夏普）就是其中之一。透過內建的語音辨識系統不僅能夠在一聽到「清理乾淨」這個命令時就開始工作，還可以與主人進行日常問候以及一些簡單的對話。充電量、集塵盒及房間的狀態等有出現不同時，也會有不同的對話回答，或者自行改變打掃時的動態。

◀能夠對話，也會以發光或跳舞回應的機器人吸塵器。

影像提供／夏普

機器人不斷朝著智能化邁進

在智能化發展的同時，也出現了機器人科學家。英國機器人「亞當」自行針對麵包酵母的基因建立假設，並進行實驗加以驗證，得出正確的結果。這個機器人是由複雜的實驗裝置與機械手等自動化實驗系統，以及負責大腦任務的電腦（人工智慧）所組成。

▲可雲端連線，也可辨識影像與聲音，「帕佩羅」外型小巧卻具備多種能力。

影像提供／NEC

另一方面，溝通交流機器人之中也開發出了能夠透過網路連接頂尖頭腦（雲端連線），提供生活協助等各類服務的產品。人工智慧的進化使得機器人越來越聰明了。

特別專欄

雙口相聲機器人搭檔問世

甲南大學（位於日本神戶市）智能資訊學系開發出一拿到題目就會即興說相聲的機器人雙人組「小愛」（負責吐槽。下圖左）和「權太」（負責裝傻。下圖右）。例如：權太說：「淺田真央對著大會聊豆腐。」小愛：「沒錯沒錯，豆腐真的超好吃──什麼啊！不是豆腐，是抱負啦。」權太：「抱歉，我聽錯了。」──大概就像這樣，兩人以……不是，兩臺機器人以關西腔一來一往的說相聲。機器人自己能夠製造搞笑的相聲段子，是因為機器人的人工智慧能夠連接網路，搜尋指定題目的相關新聞。程式設定為權太會故意講錯內容的單字，再由小愛對此回應。

影像提供／日本甲南大學

工業用機器人也擁有智慧的時代

◀能夠進行高難度作業、具備智能的組合機器人「MELFA F系列」。

影像提供／三菱電機

關於工業用機器人，就像是在四十六和四十七頁所介紹過的那樣，已經朝著更精確、更有效率，以及能夠更安全使用等方面費心進行改良。但是為了更進一步提升性能，現在大家注意到的是工業用機器人的智能化技術。

比方說，3D視覺資訊處理、觸覺資訊處理的提升等，讓機器人能夠檢查工作細節，提高工作的精確度。這項控制技術也是智能化技術之一，尤其是組合小零件等作業時，在位置控制與力量控制上必須要求精密。人工智慧如果連微小處都能控制的話，工業用機器人的使用方式及可能性將會更加擴大。

另外，工廠並非總是生產相同產品。開發新產品時，也要配合改變工廠的生產線內容，並改變機器人的工作內容。每次更動都必須教導機器人新動作，為了讓這類工作更順暢，必須強化人工智慧，讓機器人能夠配合狀況自行進行各種修正。

特別專欄 何謂雙臂機器人？

現行的工業用機器人多半只有一隻機械手，即使有兩隻手也很難同時工作，因為每一隻手都是由不同的系統控制。有鑑於此，最近開發出以單一人工智慧控制兩隻手，能夠像人類一樣同時使用兩隻手的機器人。

影像提供／SEIKO EPSON（股）公司

電腦丸的叛亂

Q 預測二十年之後，機器人市場在下列哪個領域會成長最快？
①製造業 ②農林水產業 ③服務業

東西散亂一地
也不收拾!!
馬上給我收拾乾淨，順便把房間打掃乾淨。
還有院子裡的雜草，今天之內給我割乾淨。

我回來之前一定要做完!!

※大力關門

ピシャ
媽媽今天吃錯藥啦？火氣真大。

啊，你回來的正好!!

看來我回來的不是時候。

※翻找

大掃除？
偶爾這樣對你也是好事，你就乖乖做吧。

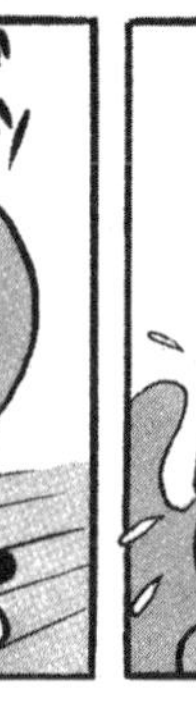

我怎麼可能做得完啊？幫幫我吧！

ブツ
ブツ
動不動就想依賴我的道具。

A
③服務業。目前市場最大的是製造業，不過科學家預測機器人將來會大幅使用在照護、社會福利、保全、生活支援等領域。

Q 目前拓展速度最快的工業用機器人消費市場是下列何者？①日本 ②中國 ③美國

※彈～

※開瓶聲

※咕嚕咕嚕

※雜訊

喂！吵死人了，快停止。
這東西沒用了。
ガガガ
ビビビ

※嘎嘎嘎嗶嗶嗶

反正是便宜貨，而且都這麼舊了。
叫爸媽再買一個更好的給我。

去巡視一下大家工作的情形。
ゴト
ゴト

※叩隆叩隆

嘿嘿，覺得自己好像國王一樣。

A ②中國。目前世界最大機器人消費市場雖是日本，不過中國在最近十年內擴大了將近三十二倍，機器人的使用需求也持續增加。

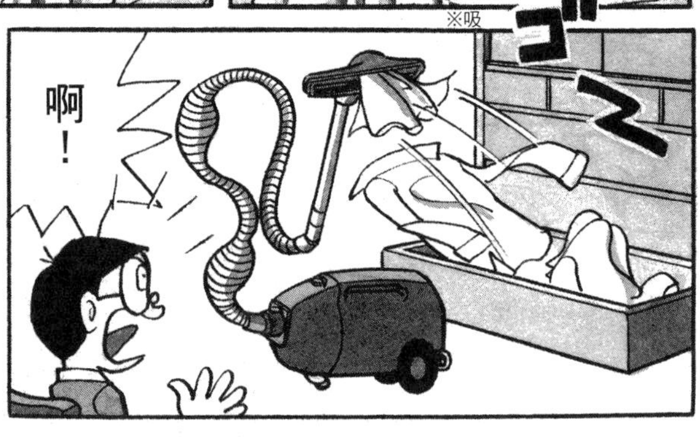

全能機器人解讀機Q&A

Q 日本開始著手開發服務業領域的機器人，是因為愛知萬國博覽會。這是真的嗎？

打倒可恨的人類!!
哆啦A夢救命啊。

バラバラ
※吸吸

「回收電腦丸磁鐵」。
誰叫你使用不當。

變得比剛剛更亂了。

這次自己動手整理！

這樣對你才是好的。

A 真的。在二〇〇五年舉行的愛知萬國博覽會上，機器人秀、服務臺機器人的出現，讓大家見識到機器人技術的卓越進步。

支援機器人開發的日本技術實力

影像提供／川崎重工業

▲活躍於工廠等地的日本工業用機器人。

擁有世界最卓越機器人技術的日本

為了提高工廠等生產現場的生產力，或提升照護、教育、生活品質，現在全世界都致力於開發機器人。日本在這方面，可以說是擁有世界級的頂尖技術。

尤其是在正在開發的工業用機器人領域裡，日本企業所製造出的機器人約占全球市場的一半（以二〇一一年的年平均購買金額為參考）。全球都在使用工業用機器人，日本近五年的機器人出口量也增加了約百分之八十。

戰後，日本的經濟和技術能力大幅發展，電子工學技術也是其中之一。日本傑出的電器產品與電腦技術也受到全世界的認同。這些高度技術能力也被運用在日本的機器人產業上。

最近日本的工業用機器人在人稱「世界工廠」的中國大量被採用。因為中國的經濟發展，使得工廠勞工的薪資普遍提高，於是工廠開始導入機器人代替人工。

▼日本以優異技術實力所製造出的工業用機器人，活躍於世界各地。

影像提供／不二越

影像提供／安川電機

將機器人系統化，期望進一步提升性能

為了更加提高日本的機器人技術，許多研究正不斷進行中。例如：為了結合不同製造商所開發的機器人，開發出當作平臺的控制系統（「RT中介軟體」等）。將彼此銜接的部分統一規格後，就能夠當作通用零件使用，也會便利許多。原本分別製造的機器人零件亦可經由自由組合，打造出更優異的機器人系統，工廠生產線也能夠為它輕鬆更換新零件。

其他還有縮小機器人尺寸、減少機器人動力（電力）消耗的技術、語音操控等操作簡化技術，甚至是找出更容易親近的外型與聲音等的研究也都在進行中。這些不僅讓機器人變得更方便，也是讓機器人可以普遍運用在社會上、融入生活裡的重要研究。

A公司
B公司
C公司
通用平臺

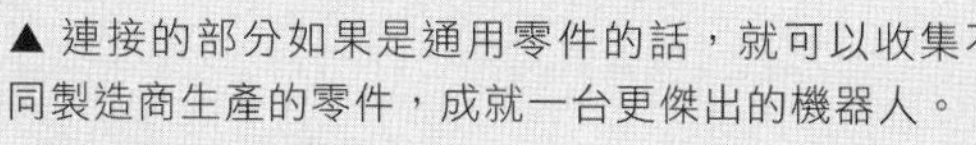

▲ 連接的部分如果是通用零件的話，就可以收集不同製造商生產的零件，成就一台更傑出的機器人。

插圖／佐藤諭

特別專欄

微型機器人「膠囊內視鏡」

利用縮小技術誕生的機器人之一，就是「膠囊內視鏡」。在長度約 3 公分的膠囊裡面有 CCD 攝影機、LED 燈、傳送攝影畫面的無線通訊裝置等，從嘴巴吞入後，就可以隨著消化器官的蠕動，拍攝人體內的情況。

影像提供／Olympus

因為資訊通訊技術發展而進化的機器人

無形的網路
讓機器人更加便利

懂得主動收集各類資訊，自行判斷並行動的機器人稱為「自律型機器人」。而像國際太空站的機械手一樣，人類能夠從遠端控制行動，指示機器人活動的則稱為「遠端操控」。

即使是自律型機器人，目前也只有能夠回答簡單的問題、閃避障礙物前進等有限的行動能力。今後的感應器技術與人工智慧技術更加發達，機器人自主思考並行動的能力應該也會跟著提高，不過現在的高難度行動與工作，幾乎還是需要仰賴遠端操控進行。此外，也必須敦促建置遠端操控不可或缺的通訊系統與網路。

比方說，機器人在天災或事故現場等人類無法靠近的危險場所值勤時，連接電纜的機器人，其行動會受到限制，幫不上忙；即使準備了遠端操控的無線通訊電波，也會發生建築物內部收不到的問題。為了改善這一點，應該增加可使用的無線電波頻率範圍，或開發電波中繼裝置。

另一方面，在我們日常生活中活動的機器人，也應該要能夠利用智慧型手機等無線通訊服務網路，對機器人進行遠端操控。

▼電纜連接的機器人行動受到限制，無法充分發揮實力。

插圖／佐藤諭

影像提供／本田技研工業（2000 年）

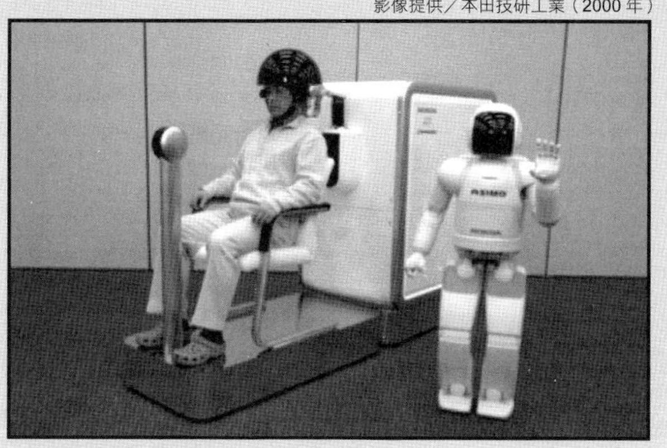

▲此系統能夠捕捉大腦活動的變化，也就是說，光用想的就能夠控制機器人。

人類的大腦驅動機器人

人類遠端操控機器人時，必須事先利用電腦輸入程式，或必須操作控制器等傳送指令。但是這類操作如果人類只需動腦想想就能辦到，該會有多方便呢？為了實現這一點，科學家正在研究的是稱為「腦機介面」的機器人操控系統。

人類移動手腳採取行動或思考時，腦中就會產生稱為腦波的微弱電流。捕捉這個電流進行分析，就能夠找出你想做什麼，進而操控機器人。

如果這項計畫普及的話，不只能夠操控機器人，還能夠創造出無須遙控器就能夠前往想去場所的電動輪椅。另外，可操控機械手的「機器義肢」研究也正在進行中，這項技術不是讀取腦波，而是讀取肌肉收到大腦命令移動時產生的電波。或許研究人員最終能夠開發出可讀取抓住物品感覺的義肢感應器，將電子訊號傳送到感覺神經，讓大腦產生知覺。

特別專欄

在海中靠聲波通訊

機器人的無線遠端操控必須仰賴無線電波。而無線電波也運用於太空中，所以我們能夠操控遠離地球、前往遙遠火星進行調查的探測器。

然而，地球上有些地方卻無法使用無線電波，例如在海洋裡。無線電波在水裡會立刻變得微弱，因此深海探測器的通訊使用的是聲波。聲波在海中的秒速是每秒一千四百公尺左右，速度遠比無線電波更慢，但是在深海探測時，必須使用聲波將機器人在海中的位置傳送給海面上的母船，因此聲波在海中不可或缺。

大騷動！巨大人造機器人

※嘰
ガコ
※鏘鏘
ギーギー

我還是第一次看到這麼靈活的機器人。
它是我遙控迷的表哥做的。
ギリギリ

※鏘鏘
ガガ
咦？

搞什麼？

※嘰哩嘰哩
不要亂跑，
我想試試它的出拳威力。
我才不要呢。
我來押住他！

全能機器人解讀機Q&A

Q 現在渴望發展成機器人的是下列何者？①廣播 ②汽車 ③腳踏車

幹得好，繼續押住他。
正義的夥伴「大巨人」真強。

做那個無聊的東西幹嘛啊？

可是…

哆啦A夢！我也要一臺機器人。

你以為你幾年級了？
管我幾年級，我就是想要嘛!!

你要拿什麼東西出來？

A ② 汽車。利用雷達技術與自動駕駛技術協助安全駕駛、從網路上獲取有益資訊等，業者期待汽車變成機器人。

Q 身為資訊企業，卻投入自動駕駛汽車開發的是下列何者？ ① Google ② Amazon ③ Yahoo

可是這麼大，房間擺不下啊。
這才是問題。

放在院子，會引起大家議論……

而且很危險，就算組合好了也不能隨便操縱。

用「任意門」將它帶到……

深山裡就可以安心組裝不被打擾了。

快把剩下的十五箱拿出來。

A
①Google。自二〇一〇年起不斷進行駕駛測試，至今已經進行過數十萬公里的行走測試了。

Q
小行星探測器「隼鳥號」上也載著探測機器人。這是真的嗎？

※碰嘎

A 真的。上面載著名為「米諾娃（Minerva）」的小型機器人。但因「隼鳥號」沒能順利著陸，很可惜機器人沒有派上用場。

我表哥加裝了踢腿裝置。
ガガッ
實驗成功！

※鏘鏘

※嘎恰嘎恰

全能機器人解讀機Q&A

Q NASA第一次送上火星的自律型探測機器人是……？ ①旅居者號 ②機會號 ③好奇號

A ①旅居者號。一九九七年送上火星，在三個月之內拍攝超過五百張的照片，也進行了許多化學分析。

是昨天那些小孩子！
到底從哪來，又要去哪裡…

不關我們的事，繼續組裝吧。

大雄，天色暗了，收工吧。
不行，
要在今天之內完成。

越來越冷了。
哈啾！

暗成這樣，沒辦法組了啦。

就差一點點了…

喂！大雄！作業……已經睡著啦。
鼾…

又被留下來了。

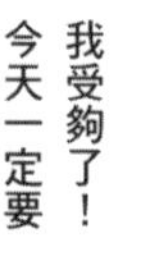
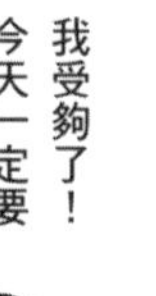
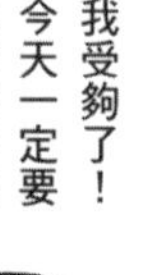
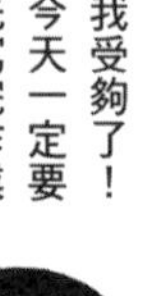
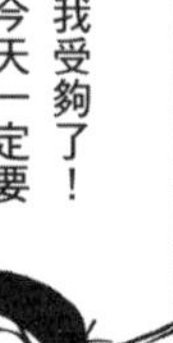

我受夠了！今天一定要先寫完作業!!
我有堅強的決心！
嗯？

大雄好慢喔。
又被留下來了吧？

想拿他試試看新裝的金剛飛拳耶…

哆啦A夢!!

不在…

沒關係，我自己來也可以!!

下雪了！
下雪也無所謂，我一定要完成!!

全能機器人解讀機Q&A

Q 備受矚目的次世代機器人能源是下列何者？①鹼性電池 ②燃料電池 ③太陽能電池

A

②燃料電池。燃料電池是利用氫和氧的化學反應產生電。這是目前最受矚目的次世代機器人能源。

終於完成了！萬歲！萬歲！

鏗鏘鏘～

好，去跟小夫的大巨人決鬥。

哇～～飛起來了!!
哇哈哈哈哈哈哈哈哈!!

ゴゴゴゴゴゴ

※轟轟轟轟轟

全能機器人解讀機Q&A

Q 日本第一個銷售機器人吸塵器的iRobot公司曾經探測何處？①南極點 ②金字塔 ③萬里長城

A ②金字塔。二〇〇〇年該公司利用機器人探測金字塔內部，並將影片播放到全世界。

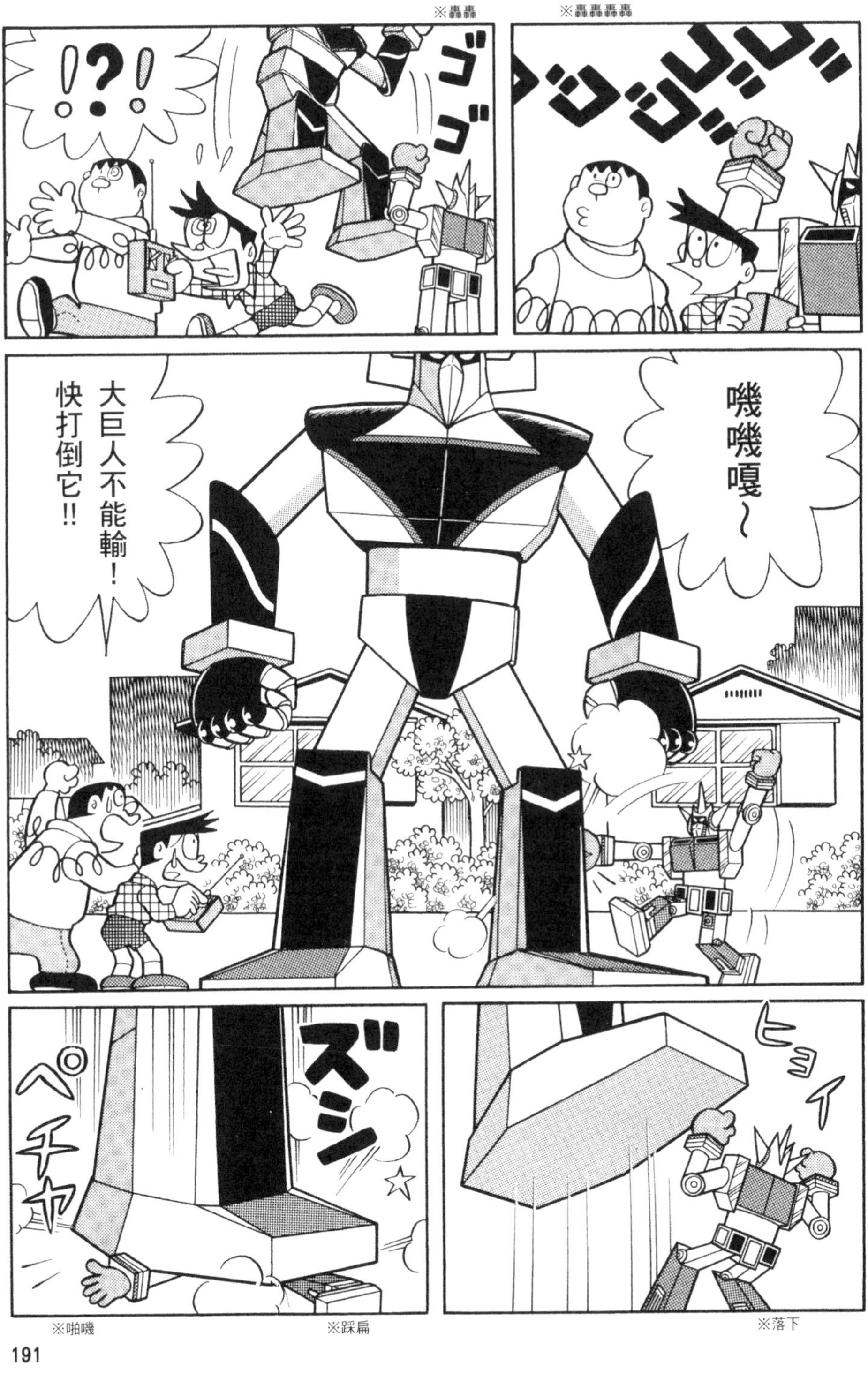

※轟轟轟轟

※轟轟

嘰嘰嘎～

大巨人不能輸！快打倒它!!

※落下

※踩扁

※啪嘰

全能機器人解讀機Q&A

Q 在生活支援機器人的開發上，傾向於發展大型機器人。這是真的嗎？

A 假的。目前傾向拓展機器人的使用範圍，並達到節能安全的目標，因此正在開發縮小機器人的技術。

全能機器人解讀機Q&A

Q 不管多麼進步，機器人都無法從事藝術相關工作。這是真的嗎？

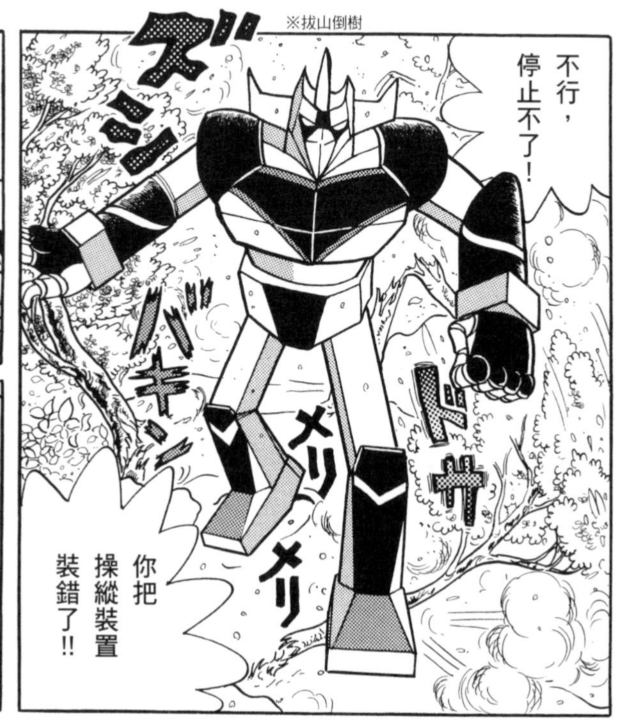

※拔山倒樹

※霹哩啪啦

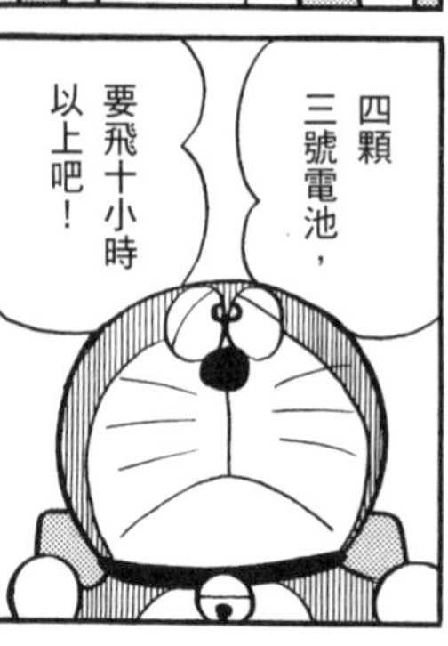

A

假的。目前正在著手研究讓機器人能夠寫小說、演奏樂器，將來或許也會出現機器人藝術家。

振作點，會凍死的!!

你們的村子是越過那座山的山谷那邊啊。
我送你們回去。

抓緊一點。

哇，我們第一次看到這種機器人。
好像電視裡的喔。

你們都要翻山越嶺去上學啊。
我們家在那邊的山谷，分校在反方向的山腳下，
每天要走三個小時。

全能機器人解讀機Q&A

Q 原本用在醫療上的裝甲機器人HAL，也朝著救災應用方面開發中。這是真的嗎？

A 真的。目前正在增加各種功能。例如：輻射防護，或是冷卻穿著裝甲的人，以避免中暑等。

學校捷徑

明天早上他們一定會嚇一跳。

以後上學輕鬆多了。
要好好用功喔。

跑到哪裡去了!?
不寫作業!

早知道趁機器人有電的時候去破壞學校。
真是胡說八道。

與機器人一同生活的時代來臨了！

機器人在生活中隨處可見的社會即將實現了嗎？

二〇〇七年，日本政府參考科學家的意見，整理出「待在家裡就能夠利用網路體驗世界」、「可隨時使用微型膠囊進行健康檢查」等社會與生活型態，在不久的將來都將因為科學技術的發達而實現（《INNOVATION 25》白皮書）。當中提到了「做家事的家用機器人」、「協助高齡者的照護機器人」、「維護兒童安全的保全機器人」、「擁有人工智慧的高水準工業用機器人」、「探測月球或行星的機器人」等機器人活躍於生活中的各種場合。

科技發展十分耀眼。過去出現在科幻小說或漫畫中的機器人，實際活躍於人類生活中的時代，或許會比我們想像中更早到來。

影像提供／RT（股）公司

▲幫忙做菜的機器人已經出現了？

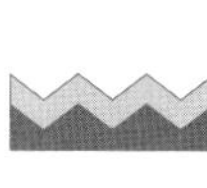

特別專欄

無須駕駛員的自動駕駛汽車

奔馳在日本東京灣沿岸的「百合海鷗號」、神戶市的「港區捷運」等都是已經實際使用無人駕駛的自動駕駛列車。而現在正在研究的是無需駕駛員就能夠行走的汽車。

豐田汽車開發出「頂級駕駛支援系統」，利用高性能攝影機與雷達，感測訊號及四周人車，同時透過全球定位系統（GPS）定義位置，讓汽車可以自動駕駛在指定的路線上。這套系統已經在公路上進行實驗。其他汽車製造商也在進行開發，在不久的將來，汽車將會像機器人一樣具備自動駕駛的能力。

我們為什麼需要機器人？

影像提供／日本核能發電（股）公司

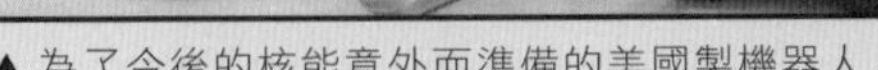

▲為了今後的核能意外而準備的美國製機器人。

日本在感應器、攝影機等電子工學、加工技術與人工智慧這些打造機器人的技術上，擁有最先進的實力，也持續開發工業用機器人、人型機器人（類人類）以及與照護相關的生活支援機器人等。然而，儘管日本的機器人技術已經擁有世界頂尖的水準，卻也有意想不到的弱點。

發現弱點的契機是二〇一一年東日本大地震發生時所引起的核電廠意外。第一個被送進到處都是瓦礫堆，且因為輻射外洩而無法發揮作用的核子反應爐圍組體裡頭的機器人，是美國製造的「帕克博特（PackBot）」。美國為了核電廠等災害現場與戰地的地雷處理等，開發了能夠執行高難度勤務的機器人，但日本對於在災害或特殊環境中可真正派上用場的機器人開發卻很緩慢。

有益於社會的機器人是什麼樣的機器人呢？為什麼我們需要機器人？這場造成重大損害的大地震，讓我們重新思考這些問題，也促使日本的機器人開發邁向新的方向。以新能源產業技術綜合開發機構（NEDO）為中心，由大學和企業組成組織推動的「災害處置無人系統研究開發計畫」也是其中之一。能夠遠端操控的大型作業臺車、可跨越瓦礫堆前進的探測機器人、水陸兩用移動機器人、由人類穿著執行勤務的裝甲機器人等，用以解決災害現場問題的機器人也陸續問世。

▲為因應災害現場所開發的工業用機器人，雲梯可升高至八公尺處。

影像提供／三菱重工業

插圖／佐藤諭

◀儘管機器人技術進步，仍舊希望機器人戰爭僅限於電玩遊戲中。

進化的機器人仍有尚未達成的目標

日本致力於機器人開發的背景是「少子化」、「高齡化」問題。一九七〇年代中期以後，出生的嬰兒人數持續減少，具備生產能力的人口也跟著減少。相反的，高齡人口卻逐年增加，六十五歲以上的人口占總人口數的四分之一，高齡化的情況正在世界各地急速惡化。因為這個原因，人類開始需要代替勞工工作、協助照護和醫療的機器人。

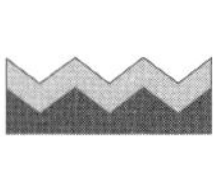

我們對於機器人的期待提高的同時，要讓機器人活躍於社會上，仍存在許多問題，其中之一就是安全性。

生活支援機器人必須在人類身邊執行勤務，特別像是照護工作這類，一旦有狀況發生，機器人卻故障或出問題可能會連帶造成人類的傷勢或病情惡化。為了預防這種情況發生，必須明確制定安全標準。

另外，海外也利用機器人技術開發無人偵察機與無人轟炸機等機器人武器，實際用於對付恐怖分子的戰爭上。儘管機器人技術逐步提升，但唯獨這項使用方式，我們一點也不樂見。

特別專欄

絕對不會輸——「猜拳機器人」

東京大學石川正俊教授開發出獲勝機率百分之百、絕對不會輸的「猜拳機器人」。不會輸的原因其實很簡單。事實上這個機器人，會以最快的速度「慢出」。

負責猜拳的機械手連接著一個稱為「高速視覺」的裝置。這個裝置是利用攝影機拍攝並辨識人類出拳的「手」，讓機器人能夠在千分之一秒之內判斷出什麼動作會獲勝，然後在零點一秒之內出拳，因此在人類眼中不會察覺到機器人慢出。

個人電腦與智慧型手機都將變成機器人？

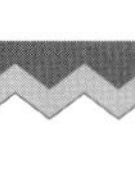

溝通交流機器人能夠協助生活

除了科學館等活動場合之外，我們實際上很少有機會見到機器人。但是，一般預測機器人今後將快速加入我們的日常生活。這也是因為以家庭與個人為對象的生活領域裡，一旦出現像機器人吸塵器這樣的產品，就會如星火燎原般一口氣冒出許多相關產品。在這種日常生活機器人中最受期待的就是在二十一頁和七十八頁裡也介紹過的溝通交流機器人的開發。

所謂溝通交流機器人指的是能夠在生活中與人類對話、接觸，藉此成為談話對象或療癒人心，甚至提供尋找必要資訊服務的機器人；百貨公司、飯店、機場等的導覽機器人也包括在內。這類機器人不僅能夠讓生活更方便，也已經有實驗證實能夠安定高齡者的心靈。因為上了年紀之後，老人家就很少有機會外出或與人說話。實驗中，這些高齡長者與會聊天的人型機器人一同生活了兩個月，不但認知功能提升了，壓力也減少了，比起擁有不會說話機器人的另一組人有精神許多。

人型機器人不只出現在日常生活中，也已開始進入太空。二〇一一年NASA送上國際太空站的「Robonaut 2」就是世界上第一個在太空中活動的人型機器人。透過地表上的控制，可以與太空人一起進行太空艙內的維修等工作。

影像提供／NASA

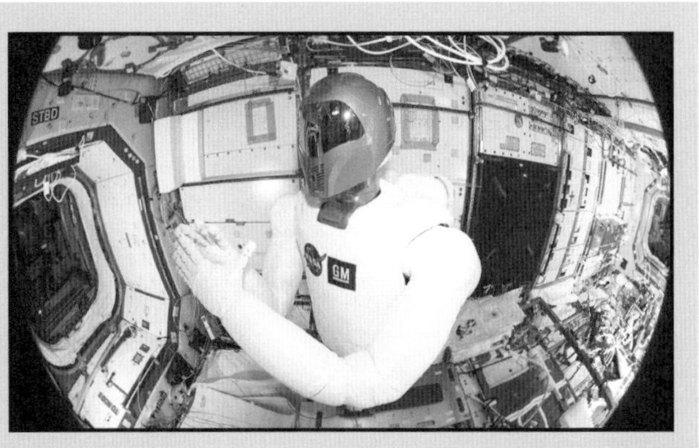

▶在ISS國際太空站上活動的第一個人型太空機器人——「Robonaut 2」。

每人一臺機器人的時代即將到來

溝通交流機器人的技術已經應用在許多方面。例如：具有撫慰效果的海豹型機器人「帕羅」或能夠一起玩耍的對話型機器人「帕佩羅」等。但也因為價格昂貴，目前數量仍不多。然而，各位是否知道，世界上已經有許多人在使用不屬於人型或動物型的溝通交流機器人了呢？

這樣的機器人就在智慧型手機裡頭，也就是蘋果電腦公司的「Siri」以及NTT DOCOMO公司的「Shabette Concier」等語音對話助理功能（服務）。你只要說：「請告訴我明天的天氣？」、「我想去○○。」畫面上就會顯示資訊，有時還會天真無邪的回應一句：「辛苦了喲！」智慧型手機的四方外型雖然很乏味，不過這項功能就是溝通交流機器人的概念。由此可見將這項功能使用在人型機器人身上的話，能夠做到的就不只是搜尋資訊。在不久的將來也將出現下達語音指令就能夠轉換電視頻道或打掃的智能家電，人手一臺機器人的時代，已經不遠了。

◀不只會教導食譜和做法，未來也有可能出現廚師機器人？

插圖／佐藤諭

特別專欄

機器人體驗空間「機器人廣場」

日本福岡市整個城市都很支持機器人產業，在那裡有一座「機器人廣場（ROBOSQUARE）」展示許多機器人，能夠與機器人接觸，並且學習和體驗。另外還有機器人秀、機器人的歷史與構造介紹、實習體驗等。

影像提供／ROBOSQUARE

後記

期待哆啦A夢成真

早稻田大學理工學術院教授、類人類研究所所長

高西淳夫

一九五六年出生，福岡縣人。曾任美國麻省理工學院客座研究員、義大利聖安娜大學研究所客座教授。進行人型機器人「類人類」的研究，同時將其知識見解利用在醫療、社會福利領域的各種機器人開發。是機器人研究的第一人。

各位想像中的「機器人」是什麼模樣呢？或許有許多人會回答：「就是像哆啦A夢那樣的貓型機器人。」但是，哆啦A夢是來自二十二世紀的未來，所以在剛進入二十一世紀的現在還不存在。那麼，現在日本實際使用的機器人是什麼模樣呢？日本工業規格（JIS）這個規則規定了各種工業產品的名稱、使用方式、功能等諸多內容，其中的 JIS BO134 就是關於機器人的規定。這裡第一個提到的就是目

前使用最多的「工業用機器人」，內容提到：「目的在協助工廠製作產品，可透過電腦程式設定，自動進行各種手工作業或移動的機械。」除了工業用機器人之外，規定裡還根據不同的構造和活動方式，針對機械手臂、移動機器人、重現式機器人（註一）、智能機器人等二十種以上的機器人，訂定了各式各樣的規範。

回到正題。哆啦A夢雖是貓型機器人，但它能夠以雙腳步行，有豐富的表情，而且能夠說人類的語言，因此也可當作是人型機器人。我的研究室打造了許多人型機器人。例如：可用雙腳步行的機器人、會演奏長笛的機器人、可用臉部和全身表達喜怒哀樂的機器人（註二）。遺憾的是，因為很少有能夠像工業用機器人一樣，用於日常生活的產

註一：重現式機器人：可記憶人類教導的動作並重複的機器人。
註二：可用臉部和全身表達喜怒哀樂的機器人：名稱是可比安 -R，詳情可參考刊頭彩頁。

品，因此ＪＩＳ裡面沒有關於人型機器人的規定。

不僅ＪＩＳ沒有這個項目的規定，而且直到上一個世紀結束為止，學會還在質疑：「研究人型機器人要做什麼？」我的指導教授加藤一郎老師從一九六〇年代起就在研究人型機器人，尤其是雙腳步行機器人，他也是最早開始研究的知名學者。

但是，在當時，他的其他教授同事都說：「有兩條鐵腿的機械怎麼可能走

路？」希望他停止研究。加藤老師說：「我當時一心只想著我一定要讓機械走路。」可是因為過去不曾有人做過這項研究，因此研究過程

頻頻失敗。不過加藤老師不放棄，他甚至開始研究人型機械手臂和手掌，進一步投入人型機器人的研究，打造出有手有腳的完整人型機器人「WABOT 1」，以及可演奏電子鍵盤樂器的「WABOT 2」等。利用這項經驗，他也進行義肢手腳的研究，在一九七八年發明了電動義肢「電子手」，靠著來自大腦、稱為「肌電」的電子訊號驅動。我想這或許是日本的大學機器人研究與社會福利機器，結合變成商品的首例。

遺憾的是，人型機器人研究先驅的加藤老師於一九九四年過世，無法看見人型機器人付諸實用。不過最近情況逐漸開始有了改變。比如說，有多家企業開始販售有類似人類兩條手臂構造的工業用雙臂機器人、美國舉辦人型機器人救災競賽、以我研究室的專利為基礎開發出的模擬患者牙科治療訓練用人型機器人開始銷售，人型機器人逐漸成為商品。繼續發展下去的話，我期待不久之後JIS也會把人型機器人納入規範，下一個世紀的哆啦A夢也將成真。

不僅限於機器人研究上，各位將來如果從事能夠開創未來的工作，我希望你們也要像加藤老師一樣，做些前所未有的創新，無論遭遇任何困難也絕不放棄，帶著堅強的意志實現夢想。

哆啦A夢科學任意門 8

全能機器人解讀機

● 漫畫／藤子・F・不二雄

● 原書名／ドラえもん科学ワールド—— ロボットの世界

● 日文版審訂／ Fujiko Pro、日本科學未來館

● 日文版撰文／瀧田義博、窪內裕、佐藤成美、甲谷保和、方野真彌

● 日文版版面設計／ bi-rize

● 日文版封面設計／有泉勝一（Timemachine）

● 日文版編輯／ Fujiko Pro、衫本隆

● 翻譯／黃薇嬪

● 台灣版審訂／林守德

發行人／王榮文

出版發行／遠流出版事業股份有限公司

地址：104005 台北市中山北路一段 11 號 13 樓

電話：(02)2571-0297　傳真：(02)2571-0197　郵撥：0189456-1

著作權顧問／蕭雄淋律師

2016 年 4 月 1 日 初版一刷　2024 年 1 月 1 日 二版一刷

定價／新台幣 350 元（缺頁或破損的書，請寄回更換）

ISBN 978-626-361-350-8

遠流博識網 http://www.ylib.com　E-mail:ylib@ylib.com

◎日本小學館正式授權台灣中文版

● 發行所／台灣小學館股份有限公司

● 總經理／齋藤滿

● 產品經理／黃馨瑝

● 責任編輯／小倉宏一、李宗幸

● 美術編輯／李怡珊

國家圖書館出版品預行編目 (CIP) 資料

全能機器人解讀機 / 藤子・F・不二雄漫畫；日本小學館編輯撰文；黃薇嬪翻譯. -- 二版. -- 台北市：遠流出版事業股份有限公司, 2024.1

面；　公分. --（哆啦A夢科學任意門；8）

譯自：ドラえもん科学ワールド：ロボットの世界

ISBN 978-626-361-350-8（平裝）

1.CST: 機器人　2.CST: 漫畫

448.992　　112017051

DORAEMON KAGAKU WORLD—ROBOT NO SEKAI

by FUJIKO F FUJIO

Original Japanese edition published by SHOGAKUKAN.

World Traditional Chinese translation rights (excluding Mainland China but including Hong Kong & Macau) arranged with SHOGAKUKAN through TAIWAN SHOGAKUKAN.

※ 本書為 2014 年日本小學館出版的《ロボットの世界》台灣中文版，在台灣經重新審閱、編輯後發行，因此少部分內容與日文版不同，特此聲明。